Sofie Meys

Trockenmauern

stv

SOFIE MEYS

Trockenmauern

Bauanleitungen, Lebensräume & Bepflanzung

Leopold Stocker Verlag
Graz – Stuttgart

Umschlaggestaltung: DSR Werbeagentur Rypka GmbH, 8143 Dobl/Graz, www.rypka.at
Titelbild: Sofie Meys

Bildnachweis:
Christopher Ossowski: S. 22, 95; Veronica Haralambous: S. 28, 52; Jens Lachenmaier: S. 157 unten; Alexander Michel: S. 36, 152; Corinna Meys: S. 155; Andrea Meys: S. 46, 72.
Alle übrigen Bilder stammen von der Autorin.

Bibliografische Information der Deutschen Nationalbibliothek
Die Deutsche Nationalbibliothek verzeichnet diese Publikation in der Deutschen Nationalbibliografie; detaillierte bibliografische Daten sind im Internet unter http://dnb.d-nb.de abrufbar.

Hinweis: Dieses Buch wurde auf chlorfrei gebleichtem Papier gedruckt. Die zum Schutz vor Verschmutzung verwendete Einschweißfolie ist aus Polyethylen chlor- und schwefelfrei hergestellt. Diese umweltfreundliche Folie verhält sich grundwasserneutral, ist voll recyclingfähig und verbrennt in Müllverbrennungsanlagen völlig ungiftig.

Auf Wunsch senden wir Ihnen gerne kostenlos unser Verlagsverzeichnis zu:
Leopold Stocker Verlag GmbH
Hofgasse 5/Postfach 438
A-8011 Graz
Tel.: +43 (0)316/82 16 36
Fax: +43 (0)316/83 56 12
E-Mail: stocker-verlag@stocker-verlag.com
www.stocker-verlag.com

ISBN 978-3-7020-1782-8

Layout und Repro: DSR Werbeagentur Rypka GmbH, 8143 Dobl/Graz

INHALT

Sicherheitshinweis 9

Die faszinierende Welt der Steine 11

Sich mit Steinen künstlerisch ausdrücken 13

Wie ist der Begriff „Trockenmauer“ zu definieren? 14

Mauern für die Artenvielfalt 15

Trockenmauern im Wandel der Zeit 17

Welche Funktionen erfüllten die Trockenmauern unserer Vorfahren? 17

Pflanzen siedelten sich von ganz alleine an 19

Im Norden heißt die frei stehende Trockenmauer auch Friesenwall 19

Die schönsten Trockenmauern aus aller Welt 19

Der Mittelmeerraum 19

Die Weinbauern der „Cinque Terre“ 19

Die Paredadores von Menorca 20

Die Britischen Inseln 21

Kunstvoll und solide: die Trockenmauern Irlands 21

Steinhecken und Schiefermauern in Cornwall 22

Deutschland und Österreich 23

Kein Weinbau ohne Trockenmauern! 23

Welche Funktionen sollten Trockenmauern heute erfüllen? 24

Ein Augenschmaus der „steinernen Art“ 25

Die wichtigsten Steinarten im Portrait 27

So entsteht Stein 29

Erstarrungs- oder Eruptivgestein (Magmatite) 29

Ablagerungsgestein (Sedimentgestein) 30

Umwandlungsgestein (Metamorphitgestein) 30

Woher kommen die vielen Namen und Bezeichnungen für Steine? ... 31
Kalkstein, Gneis und Nagelfluh ... 32
Nagelfluh – was ist denn das? ... 32
Gneis – eher selten, aber schön! ... 32
Mauern aus Kalkstein – allseits beliebt! ... 32
Die meisten Trockenmauern bestehen aus Sandstein ... 33
Was genau ist eigentlich „Bruchstein“? ... 34

Eine gute Planung ist wichtig! ... 35
Nachfolgende Fragen sollten schon vor dem eigentlichen Bau der Mauer geklärt werden ... 35
Bauplatz und Verlauf der Mauer ... 37
Standort ... 38
Inspektion des Untergrundes ... 38
Wurzelunkräuter entfernen ... 38
Steine sammeln, kaufen oder organisieren? ... 39
Augen aufhalten lohnt sich! ... 39
Wie viele Steine brauche ich für mein Trockenmauerprojekt? ... 40
Berechnungsformel für die benötigte Steinmenge ... 40
Steine im Fachhandel besorgen ... 41
Eine „schwerwiegende“ Sache: der Transport der Steine! ... 41
Was kosten die Steine? ... 42
Preisbeispiele ... 43

Gut (aus-)gerüstet für den Mauerbau ... 45
Spezialwerkzeug – einige nützliche Helfer ... 47
Brecheisen oder Brechstange ... 47
Hammer ... 47
Meißel ... 47
Wasserwaage, Maurerschnur ... 48
Schutzkleidung ... 49
Trockenmauer sucht passenden Garten ... 49

Die Stützmauer am Hang ... 53
1. Arbeitsschritt: Jäten und Aufräumen ... 54
Anschnitt und Aushub ... 54
Was ist ein „Anlauf“? ... 55

2. Arbeitsschritt: ein „Bett“ für die Mauer 56
Berechnungsformel für Kies/Splitt 58
3. Arbeitsschritt: Steine nach Form und Funktion sortieren 59
Die erste Steinreihe 59
Ecksteine 60
Binder- oder Ankersteine 60
Decksteine 60
Das „normale“ Mauerwerk 60
Steine zum Verkeilen und zum Füllen von Lücken 61
4. Arbeitsschritt: das Setzen der ersten Steinreihe 61
Wie lassen sich „schwere Brocken“ am einfachsten bewegen? 62
Lebensraum für wild lebende Tiere 63
5. Arbeitsschritt: die weiteren Steinreihen 64
Jede Mauer ein Unikat 65
Kunstvolles Mauerwerk 65
Pflanzen einsetzen: Schon beim Aufbau oder erst später? 67
Stabilisieren und Ausgleichen 70
Der „krönende“ Abschluss: die letzte Steinreihe 71
Möglichkeit 1 71
Möglichkeit 2 71

Die Trockenmauer als wertvoller Beitrag zum Natur- und Artenschutz 73

Utopie oder Realität? Aktiver Naturschutz in heutiger Zeit 73
Trockenmauern im öffentlichen Grün? 74
Tierisch gut: Die Mauer wird besiedelt! 75
Eine Wohnung im Stein 77
Nisthilfen für solitär lebende Bienen und Wespen 78
Nisthölzer 79
Hohle Stängel 80
Alternative: Schilf und Bambus 80
Niststeine 81
Sandige Flächen 81
Holzwolle, Moos und Laub 82
Hohlräume 82
Nistkästen 83

Der doppelwandige frei stehende Trockenmauerwall 85
Trockenmauer und Hochbeet in einem: So funktioniert der Bau 86
Stabiler Untergrund und Drainage 86
Als Fundament dient ein Kies- oder Schotterbett 87
Mauerbreite 88
Der Trockenmauerwall als Heim für Tiere und Pflanzen 89
Pyramidenform 89
Stein für Stein 90
Der Wall erhält eine Drainagefüllung 90
Die Bepflanzung des Walls 92

Die einwandige Trockenmauer als Einfriedung oder Raumteiler 95
Material und Vorbereitungen 96
Benötigtes Material und Werkzeug 96
Der Standort wird vorbereitet 96
Steine ordern 97
Fundament und Aufbau 97
Das Fundament entsteht 97
Der Maueraufbau 99
Nisthilfen im Sichtschutz aus Stein? 100

Häufig gemachte Fehler beim Bau von Trockenmauern 103
Ein Fundament aus Beton 103
Lotrechte, senkrechte Bauweise 103
Wurzelunkräuter überwuchern die Mauer 103
Falscher Standort 103
Unzureichende Drainage 103
Kreuzfugen 104
Zu stark wuchernde Polsterstauden 104
Pflanzen verkümmern oder gehen ein 104

Die Bepflanzung der Trockenmauer 107
Sollte man heimische Pflanzen bevorzugen? 108
Wer darf sich „heimisch“ fühlen? 110
Der Natur ihren Lauf lassen? 113

Die Qual der Wahl: Pflanzengemeinschaften der Treppen und Mauern ... 114
Pflanzen für sonnige bis halbschattige Mauerfugen ... 116
Zwiebelpflanzen ... 128
Sedum und Sempervivum ... 130
Pflanzen für halbschattige bis schattige Mauerfugen oder für den halbschattigen Fuß der Mauer ... 134
Pflanzen für den sonnigen Fuß der Mauer ... 138
Pflanzen für die Mauerkrone ... 144
Wildsträucher für die Trockenmauer ... 148

Weitere „steinerne" Ideen ... 153
Eine Bank in der Mauer als steinerne Ruheoase ... 153
Wenn noch Steine übrig sind ... 155
Ein Steingarten auf die Schnelle 156
Standortsuche und Vorbereitung ... 156
Das Substrat ... 156

Reparatur von alten Bruchsteinmauern ... 158

Bezugsquellen ... 160
Buchtipps ... 160

Sicherheitshinweis

Das Aufschichten von Trockenmauern birgt die Gefahr eines Zusammenbrechens oder Herauslösens von Steinen. Der Verlag sowie die Autorin legen allen Leserinnen und Lesern daher dringend nahe, auf dauerhafte Stabilität der Projekte zu achten und Projekte erst in Angriff zu nehmen, wenn sie sich über die Techniken und den richtigen Umgang mit allen benötigten Materialien und Werkzeugen im Klaren sind. Der Verlag und die Autorin lehnen jede Haftung für Verletzungen, Verluste oder Schäden ab, die in wie immer gearteter Art und Weise auf den Inhalt dieses Buches oder den Umgang mit den hier vorgestellten Materialien und Werkzeugen oder die Umsetzung von Projekten durch den Leser bzw. die Leserin zurückzuführen sind.

DIE FASZINIERENDE WELT DER STEINE

Steine gibt es überall auf der Welt in Hülle und Fülle. Sie begegnen uns quasi auf Schritt und Tritt. Ihre Größe reicht vom gigantischen Felsmassiv über den stattlichen Findling bis hin zu bunten Kieselsteinen am Ufer eines Flusses oder winzig kleinen Sandkörnchen an einem weiten Strand, welche mit bloßem Auge von uns kaum noch zu erkennen sind. Von dieser immensen Vielfalt an Erscheinungsformen lassen wir uns immer wieder gerne faszinieren.

Wer näher hinschaut, erkennt, dass kein Stein wie der andere ist. Ihre Formen sind so unterschiedlich wie auch ihr Ausgangsmaterial. Und sie sind längst nicht alle grau, wie ein gängiges Vorurteil vermuten lässt.

Fangen wir einmal mit dem Sammeln von Steinen an, finden wir glitzernde Exemplare, wie auch hübsch gemaserte oder sogar solche, die nur vorgeben, zur großen Familie der Steine zu gehören, wenn etwa die Strömung eines Flusses Ton- oder Glasscherben in vielen Jahren zu runden Kieseln geformt hat.

Stolz tragen wir die schönsten Stücke nach Hause oder legen sie im Garten aus, um sie jederzeit bewundern zu können. Instinktiv wissen wir, dass jeder Stein ein Stück Erdgeschichte in sich verbirgt.

Jeder einzelne Stein lässt uns darüber staunen, welche enormen Kräfte bei seiner Entstehung gewirkt haben müssen. Gleichzeitig symbolisieren Steine eine gänzlich andere Vorstellung von Zeit, als es die unsere ist. Steine sind stumme Zeugen der beeindruckenden Veränderungen, die auf unserem Planeten vom Anbeginn seiner Entstehung stattgefunden haben und bis heute unaufhaltsam fortschreiten.

Doch was ist es eigentlich, was uns an Steinen so gefällt? Ist es ihre schlichte Kargheit, die alles Unwesentliche ausklammert, oder ihre zum Teil bizarre und dabei schier unverwüstliche Schönheit?

Gerade in der heutigen, viel zu schnelllebigen Zeit kann uns die Anwesenheit von Steinen Beständigkeit sowie auch Sicherheit vermitteln. Indem wir Steine in die Gestaltung unseres Gartens bewusst miteinbeziehen und hier Oasen der Ruhe oder sogar spezielle Kraftorte erschaffen, erlauben wir es ihnen, neben ihren rein zweckmäßigen Funktionen auch unsere Sehnsucht nach Ruhe und Geborgenheit zu stillen. Manchmal ist es allein schon die Arbeit mit Steinen, die unserem Bedürfnis nach Spiritualität sowie künstlerischem Ausdruck entgegenkommt.

Geduld, Geduld ... bis Steine und Pflanzen eine gewachsene Einheit bilden.

Es fängt oft im „Kleinen“ an, indem wir Wege im Garten mit Steinen selbst gestalten.

Objekte aus Steinen sind solide und zeitlos schön. Sie versprechen uns eine lange Lebenszeit, die weit über unsere eigene hinausgehen kann.

Trockenmauern nehmen hier mit Sicherheit eine herausragende Stellung ein. Wenn wir sie nach alter Manier sorgfältig aufschichten, spricht das fertige Bauwerk auch unseren Sinn für Ordnung an.

Steine, in all ihren Erscheinungsformen, laden uns ein, die universellen Gesetze neu zu begreifen, hinter dem vermuteten Chaos das unendliche, ordnende und alles überdauernde Prinzip zu entdecken.

Solide und dauerhaft wirkt alles Steinerne auf uns Menschen und vermittelt uns oft genug den Eindruck, als stünde die Zeit still.

SICH MIT STEINEN KÜNSTLERISCH AUSDRÜCKEN …

Steine in ihrer atemberaubenden Vielfalt schaffen es immer wieder aufs Neue uns zu begeistern! Sei es ein von der Sonne gewärmter Felsblock, der zu einem bequemen Sitzplatz wird und uns zum Ausruhen einlädt, ein glitzerndes Ufer mit Abertausenden von rundgeschliffenen Kieselsteinen, oder gar ein geheimnisvoller Megalith, der schon unseren Vorfahren als ritueller Kraftort gedient hat.

Von den Anfängen menschlicher Kulturen sind uns bis heute beeindruckende Relikte aus Stein erhalten geblieben. Zeitlos schön zeigen sie uns, dass sie schon immer auch ein Mittel des persönlichen Ausdrucks gewesen sind.

Steine trotzen den zum Teil besorgniserregenden Veränderungen in unserer Lebenswelt. Und sie müssen auch nicht tot

Trockenmauern fügen sich auch in einen strukturell streng gestalteten Garten harmonisch ein.

und unbelebt sein oder bleiben. Durch unser gestalterisches Wirken werden sie zum wertvollen Lebensraum geschützter Pflanzen und Tiere! Der Bau einer Trockenmauer ist daher für Mensch, Tier und Pflanze ausnahmslos ein Gewinn. Mehrere Varianten dieses Mauertyps sind möglich, so dass sich selbst im kleinsten Garten ein Plätzchen finden sollte, um ein trocken aufgeschichtetes Mauerprojekt in die Tat umzusetzen.

WIE IST DER BEGRIFF „TROCKENMAUER" ZU DEFINIEREN?

HINWEIS! Definition

Jegliches aus Steinen und ohne die Verwendung von Mörtel errichtetes Mauerwerk kann als „Trockenmauer" oder „Trockensteinmauer" bezeichnet werden.

Hierbei muss nicht zwingend ausschließlich Naturstein zum Einsatz kommen. Trocken aufgeschichtet werden können auch geformte Betonsteine, ganz normale Ziegelsteine sowie jegliche andere Steine, mit deren Hilfe ein stabiles und haltbares Gemäuer entstehen kann.

Der persönliche Geschmack, die örtlichen Gegebenheiten, die Funktion der Mauer sowie die handwerklichen Fähigkeiten des Einzelnen spielen bei der Entscheidung, welche Steine verwendet werden, sicherlich ebenfalls eine Rolle.

Hauseinfahrt mit Trockenmauer-Einfassung

MAUERN FÜR DIE ARTENVIELFALT

Wurden Trockenmauern in früheren Zeiten überwiegend aus rein funktionalen Gründen errichtet, um etwa Hänge abzustützen oder Weiden zu begrenzen, so werden die trocken aufgeschichteten Mauern aus Naturstein heute vor allem auf Grund ihrer robusten Schönheit und natürlichen Ausstrahlungskraft wieder vermehrt in privatem wie auch öffentlichem Grün eingesetzt.

Nützlich sind die Mauern vor allem auch in Bezug auf die Artenvielfalt einer Gartenanlage. Daher schätzen gerade Naturgärtner dieses Gartenelement, werden in ihm doch Aspekte des praktischen Naturschutzes mit den rein optischen Ansprüchen, die man an einen natürlich gestalteten Garten stellt, aufs Wunderbarste miteinander vereint.

Der Lebensraum Trockenmauer entpuppt sich immer mehr zu einem lebendigen und schützenswerten Biotop. Eine fertig gestellte Trockenmauer aus Bruchstein wird rasch zu einem Ort im Garten, an dem „immer etwas los ist". Erwachsene und Kinder können hier Natur ganz hautnah erleben.

Trockenmauern passen ganz hervorragend in Gärten, wo Naturschutz und -erleben noch groß geschrieben werden, wo Menschen sich intensiv mit Pflanzen und Tieren beschäftigen und ihre Umwelt mit allen Sinnen erleben möchten.

Mit den Steinen entsteht ein warmer, trockener Standort, der auf entsprechende Bewohner, tierische wie auch pflanzliche, anziehend wirkt. Hierzu zählen Eidechsen, Schlangen, Käfer und Wildbienen ebenso wie auch etliche Trockenheitsspezialisten unter den Pflanzen, wozu Pfingstnelke, Sedum-Arten oder das Kleine Seifenkraut gehören.

Neben dem Naturschutzgedanken kann eine Trockenmauer selbstverständlich auch aus rein ästhetischen Gesichtspunkten einen Garten zieren. Sie wird sich in jedem Fall harmonisch in das Gesamtbild der Gartenanlage einfügen. Durch eine entsprechende Auswahl der Steinart und optimale Platzierung wird sie schnell zum optischen Höhepunkt des Gartens.

Die Trockenmauer schafft
neue Lebensräume für
Tiere und Pflanzen.

TROCKENMAUERN IM WANDEL DER ZEIT

WELCHE FUNKTIONEN ERFÜLLTEN DIE TROCKENMAUERN UNSERER VORFAHREN?

Schon seit Hunderten von Jahren wurden auf der ganzen Welt Hänge mit Hilfe von Trockenmauern abgestützt. Vor allem unzugängliches, steiles Gelände wurde durch Terrassen begehbar gemacht. Um diese Terrassen vor dem Abrutschen zu bewahren, wurden sie mit trocken aufgeschichteten Natursteinen gestützt. In der Folge entstanden wertvolle Anbauflächen für regionale Nutzpflanzen, wie etwa Wein, Oliven oder Bananen, je nach dem, in welcher Region der Welt man sich befand.

Jede einzelne Erdkrume, die auf diese Weise für den Anbau gerettet werden konnte, trug zur Sicherung der Existenz der damaligen Bauern bei. Es galt, das Erdreich dauerhaft und effektiv vor Erosion zu bewahren. Trocken aufgeschichtete Mauern leisteten hierbei einen wertvollen Beitrag.

Im Weinberg

Dicke Kiesel bilden das Ausgangsmaterial für die Trockenmauern im nordeuropäischen Raum.

Wenn auch diese alten Trockenmauern in erster Linie rein funktionale, praktische Aufgaben zu erfüllen hatten, so waren sie nicht minder dekorativ. Sie waren zudem äußerst langlebig, so dass wir deren Schönheit und Ausstrahlungskraft vielerorts noch heute bewundern können.

Als Baumaterial für diese Mauern verwendete man Lesesteine aus der unmittelbaren Umgebung, so dass die Optik der Trockenmauern von Region zu Region variierte und ein individuell gestaltetes Landschaftsbild entstand.

Neben dem Abstützen von terrassiertem Gelände erfüllten die Trockenmauern unserer Vorfahren noch weitere Funktionen. So setzte man sie gerne als Weg- und Grundstücksbegrenzungen ein sowie als Einfriedungen von Acker- und Weideflächen. Hierfür wurden sie als freistehende Mauern errichtet und konnten daher auch auf ebenen Flächen zum Einsatz kommen.

Pflanzen siedelten sich von ganz alleine an

Das Mauerwerk heizte sich tagsüber durch die direkte Sonneneinstrahlung auf. Die Steine gaben ihre Wärme auch noch nachts an das angrenzende Erdreich ab, wodurch ein Auskühlen der Anbauflächen vermindert und der Ertrag erhöht wurde. Zeitgleich siedelten sich wärmeliebende Pflanzen im Umfeld der Mauer oder sogar in den vielen Spalten des Mauerwerks an. In der Folge entstanden wertvolle Lebensgemeinschaften von Pflanzen und Tieren.

Im Norden heißt die frei stehende Trockenmauer auch Friesenwall

Für den Bau von frei stehenden Trockenmauerwällen wurden meist Feldsteine verwendet, die vor Ort reichlich vorhanden waren. Wie unterschiedlich diese Steine von ihrer Optik her sein können, beweist der bekannte Friesenwall, bei dem es sich um eine rein nordische Erfindung handelt (siehe Foto links).

Die **rundgeschliffenen Findlinge** gibt es in nordeuropäischen Landschaften zuhauf. Aus ihnen aufgebaute Wälle werden noch heute gerne als Grundstücksbegrenzung verwendet.

Typisch für den Friesenwall ist eine Abdeckung des Steinwalls mit Grassoden, so dass sich diese Art von Mauer sehr harmonisch in das Landschaftsbild einfügt und auch kein Gefühl des „Eingemauertseins“ hinterlässt.

DIE SCHÖNSTEN TROCKENMAUERN AUS ALLER WELT

Durch alte Trockenmauern geprägte Landschaften sind immer einen Besuch wert. Das Ausgangsmaterial sowie die Arbeitstechniken unterscheiden sich von Land zu Land oder sogar von Region zu Region, so dass jeweils einzigartige, von Trockenmauern geprägte Landschaften entstanden sind, die zum Teil schon unter Schutz gestellt wurden, damit auch noch nachfolgende Generationen in den Genuss kommen, deren Schönheit bewundern zu können.

Der Mittelmeerraum
Die Weinbauern der „Cinque Terre“

An der ligurischen Riviera, in ihrem wildesten und schönsten Teil, befinden sich die fünf Dörfer Riomaggiore, Manarola, Corniglia, Vernazza und Monterosso. Diese Region Italiens ist daher auch unter dem Namen „Cinque Terre“ bekannt geworden.

Die Bewohner des zwischen Fels und Meer gelegenen, schwer zugänglichen Küstengebietes waren von jeher Winzer gewesen. Um den Steilhängen Land für den Weinbau abzugewinnen, stuften sie das **Gelände in Terrassen** und stützten diese mit Trockenmauern ab.

So sind mit der Zeit Mauern in einer Gesamtlänge von 11.000 Kilometern entstanden! Sie sind somit länger als die Chinesische Mauer und tragen in beeindruckender Weise zur Schönheit der abgeschiedenen Landschaft bei.

Leider droht den uralten Mauern heute der Zerfall, wenn sie nicht bald die dringend benötigte Restaurierung erhalten!

Die Paredadores von Menorca

Wie ein Spinnennetz überziehen die „Parets seques“, wie die Menorquiner ihre Steinmauern nennen, die Baleareninsel. „Paredadores“ nennt man die Erbauer der kunstvollen Mauern. Dass sie ihr Handwerk verstehen, davon zeugen die besonders haltbaren wie auch kunstvollen Mauern, welche einzelne **Landparzellen**, die so genannten „Tanques“ (*tancar* = schließen) **voneinander abgrenzen** sowie die Ländereien in Viehweiden, Obstgärten und Getreidefelder unterteilen. Daneben markieren die frei stehenden Mauern auch die Grenzen einzelner Besitztümer und bieten Schutz vor Wind und Bodenerosion.

Oft zieren die Trockenmauern auch die Eingänge von Bauernhöfen, die auf Menorca in großer Anzahl vorhanden sind, da der überwiegende Teil der Inselbewohner von der Landwirtschaft lebt.

Auf den trocken mit Steinen abgefangenen Hängen gedeiht der Wein am besten.

Auf den Feldern sieht man gelegentlich Mauern mit **eingearbeiteten Trittsteinen**. Bequem können mit ihnen selbst hohe Steinmauern überquert und Nachbargrundstücke betreten werden.

Neben diesen landwirtschaftlich genutzten Trockenmauern verfügt Menorca allerdings auch über eine große Anzahl an rätselhaften uralten Kulturstätten aus Stein. Eine aus riesigen Steinblöcken aufgebaute pyramidenförmige Grabstätte mit dem Namen „Nau d'es Tudons" etwa befindet sich an der Westküste Menorcas, rund 4 km von der Hafenstadt Ciutadella entfernt. Dieses Bauwerk stammt noch aus der Bronzezeit und ist somit eines der ältesten Bauwerke Europas!

> Aus der Megalithkultur stammende riesenhafte Steinquader lassen sich ebenfalls an vielen Stellen der Insel bewundern. Das größte Inselheiligtum findet man etwa 2 km südlich von Mahón. Das „Talaiot de Trepuco" ist 4,20 m hoch und etwa 40 m lang und erinnert in seinem Aussehen an einen überdimensional großen Opferaltar.

Die Britischen Inseln
Kunstvoll und solide: die Trockenmauern Irlands

Irische Trockenmauern gehören mit zu den ältesten in Europa. Über 5000 Jahre alt ist die Tradition des Trockenmauerbaus auf der grünen Insel. Da der irische Ackerboden schon immer sehr stark mit Steinen durchsetzt war, stand ausreichend Baumaterial schon gleich an Ort und Stelle zur Verfügung. Zu Tausenden schmiegen sich die Mauern an die Konturen des leicht hügeligen Landes an und überziehen weite Landstriche der grünen Insel daher wie ein Netz. Dabei werden die irischen Mauern bis heute auf zweierlei Weise, entweder einwandig oder **doppelwandig**, gebaut.

Lückenhaft werden die Steine der einwandigen Mauern gesetzt. Das wirkt optisch fast ein wenig bizarr und sieht auf den ersten Blick instabil aus. Jedoch kann dieser erste Eindruck nichts weiter als eine Täuschung sein, da es sich bei den hohen und mächtigen Mauern um sehr solide gebaute Gebilde handelt, die teils schon eine beachtliche Anzahl von Jahren auf ihrem steinernen Buckel haben.

Durch die transparente Bauweise wird der Wind nur leicht gebrochen. Dabei wird ihm Feuchtigkeit entzogen, die sich in Form von Wassertropfen an den Steinen ablagert. Durch ein Versickern des Wassers werden die Kulturpflanzen mit zusätzlicher Feuchtigkeit versorgt. Das ist auch in heißen Landstrichen von Bedeutung, wie etwa in Griechenland oder auf den kanarischen Inseln, wo diese Art von Mauern ebenfalls häufig vorkommt.

Erfreulicherweise hat man in Irland den historischen Wert der alten Trockenmauern erkannt, so dass man sich dort sehr um den Schutz und die Bewahrung dieses Kulturerbes kümmert.

Daneben lassen sich an vielen Orten Irlands die kunstvoll gemauerten doppelwandigen Trockenmauern bewundern. Besonders schöne Beispiele dieser Trockenmauer-Kunst findet man auf der Insel Aran. Dem dort vorkommenden Gestein zufolge bestehen sie aus karbonatischem Kalk.

Die teils sehr hoch gebauten Mauern zeichnen sich durch ihre immense Haltbarkeit aus, was auf ihre überdimensional großen Grundsteine zurückgeführt werden kann, auf denen die zwei Steinreihen dieser doppelwandigen Mauer ruhen! Die uralte Methode, den Mauerkern mit kleineren Steinen zu füllen, führt zu einer zusätzlichen Stabilisierung.

Derart ausgestattet widersetzen sich Irlands Trockenmauern jedem Angriff von Wind, Wetter und Zeit.

Einwandig aufgesetzte Trockenmauer in Nordirland

Steinhecken und Schiefermauern in Cornwall

Auch in Cornwall begegnen uns viele schöne Trockenmauern, die mit zum Liebreiz dieses Landstrichs in Südengland beitragen. Auffallend ist ein ganz besonderer Steinmauertyp, der auch als „Steinhecke“ bezeichnet wird.

Für diesen Typus einer Trockenmauer werden Kieselsteine hochkant in Reihen geschichtet. Ihre Stabilität erhält die Mauer durch einen Sockel aus Bruchsteinen. Die entstandenen Lücken zwischen den Steinen werden mit humushaltiger Erde aufgefüllt und die Mauerkrone anschließend mit Rasensoden abgedeckt. Auf diese Weise entsteht hier ein idealer Lebensraum für eine Vielzahl von Pflanzen. Vor allem Farne, Moose und Algen siedeln sich bevorzugt auf diesen Steinhecken an.

In ähnlicher Bauart, jedoch unter Verwendung von Schiefergestein wird ein weiterer Mauertyp Cornwalls errichtet. Die **Schieferplatten** werden **ebenfalls hochkant**, in dichten Reihen aufgeschichtet und es entstehen sehr kunstvolle Mauern, die sich mühelos und leicht an die leicht welligen Hügel der kornischen Landschaft anschmiegen.

Erobert von der kargen, aber dennoch bezaubernden Vegetation der Küstenregion wirkten sie nach vielen Jahren, als wären sie irgendwann einmal von der Natur selbst erschaffen worden.

In England ebenfalls weit verbreitet ist ein Abschluss der Mauer mit so genannten Kappensteinen, die hochkant auf die Trockenmauer gesetzt werden.

Deutschland und Österreich
Kein Weinbau ohne Trockenmauern!

Immerhin seit über 100 Jahren werden Trockenmauern in den **Radebeuler Weinbergen** (bei Dresden) gebaut. Das Besondere an diesen teils mannshohen Mauern ist ihr beinahe lotrechter Stand. Das heißt, die Mauern wurden ohne Neigung zum Hang sowie ohne jedes Fundament errichtet und sind bis heute nahezu vollständig erhalten geblieben. Man stellt sich zu Recht die Frage, wie die Mauern dem Erddruck so lange standhalten konnten.

Entgegen so mancher Annahme kann eine Trockenmauer weitaus langlebiger sein als eine mit Mörtel verfugte oder betonierte Mauer. Ein Alter von 100 Jahren und mehr ist bei einer solide gebauten Trockenmauer nicht selten.

Durch Ritzen im trocken aufgeschichteten Mauerwerk kann Wasser leichter abfließen, so dass ein vom Erdreich her auf der Mauer lastender Druck durch die Steine hindurch entweichen kann. Dies ist bei verfugten oder betonierten Mauern nicht der Fall!

Das zweite „Geheimnis“ dieser alten Weinbergtrockenmauern ist sicher auch ihr Durchmesser, also die Stärke der Mauern. Mauern ab einer Höhe von 1,50 m sollten unbedingt eine Mindeststärke von 50 bis 60 cm haben.

Umso stärker die Mauer, desto langlebiger und stabiler ist sie!

An sehr hohe Trockenmauern trauen sich meist nur versierte Trockenmaurer heran. Anfänger beginnen besser mit niedrigeren Mauerprojekten.

Beispiele für Weinkulturlandschaften gibt es viele, auch in der klimatisch gemäßigten Mitte Europas. Vorbildhaft zu nennen wären hier auch die Steilhänge am Main rund um Klingenberg. Kilometerlange Trockenmauern und Steigen aus Buntsandstein zieren hier die Rebhänge entlang des Maines. Die Bewirtschaftung erfolgt in reiner Handarbeit durch viele kleine Weinbaubetriebe.

Im Herzen Niederösterreichs sind es vor allem „die **Wachau**", das „**Kremstal**" und das „**Kamptal**", die noch reich bestückt sind mit nach uralter Handwerkstechnik errichteten Trockenmauern. Auch in diesen Regionen hat man den kulturellen Wert der alten Mauern erkannt und kümmert sich engagiert um deren Erhaltung und Sanierung.

HINWEIS! Trockenmauern in Gefahr

Durch Unwissenheit sind viele Trockenmauern an Europas Weinhängen davon bedroht, durch wesentlich ungeeignetere und offensichtlich auch kurzlebigere Betonmauern ersetzt zu werden.

Weinreben lieben steinige Standorte.

Das Wissen um den Trockenmauerbau wurde bisher nach alter Tradition von Generation zu Generation weitergegeben. Doch scheint es ein Problem der heutigen Zeit zu sein, dass die jüngere Generation immer seltener in die Fußstapfen der Alten tritt.

WELCHE FUNKTIONEN SOLLTEN TROCKENMAUERN HEUTE ERFÜLLEN?

Auch in der heutigen Zeit werden Rebterrassen überall auf der Welt mit Naturmauern abgefangen. Bei den meisten dieser Mauern handelt es sich um alte Mauerbestände, die einst errichtet wurden, um Steillagen vor Erosion zu schützen und hierdurch besser nutzbar zu machen. Leider nimmt die Anzahl der restaurierten wie auch neu erbauten Trockenmauern in Weinbaugebieten stetig ab und dabei liegen doch die Vorteile einer Trockenmauer gegenüber einer undurchlässigen Betonmauer für jeden informierten Weinbauer auf der Hand.

Warum das Vertrauen in diese alten Handwerkstechniken des Mauerbaus verloren geht, ist kaum nachzuvollziehen. Hier täte einiges an Aufklärung gut.

Mit dem Verschwinden der alten Weinbergsmauern geht nicht nur ein Stück alte Kulturlandschaft verloren, sondern werden außerdem wertvolle und schützenswerte Trockenbiotope aufgegeben, die bisher wichtige ökologische Funktionen erfüllten.

Durch ihre Ähnlichkeit mit natürlichen Felsstandorten bieten Trockenmauern, vor allem an sonnenbeschienenen Standorten, zahlreichen trockenheitsliebenden Pflanzen und Tieren mit ihren vielen Ritzen und Spalten ein Zuhause. Bewohner von Felsbiotopen schätzen eine Trockenmauer mit ihren extremen Lebensbedingungen als wichtigen Ersatzlebensraum.

Viele Reptilien, Insekten, Vögel, Spinnen und sogar Amphibien finden hier einen geeigneten Unterschlupf. Daneben siedeln sich bevorzugt wärme- und trockenheitsliebende Pflanzen an. Doch selbst wenn die Anzahl alter Trockenmauern beständig sinkt, gibt es dennoch Grund zur Hoffnung für die Bewohner der seltenen Trockenbiotope.

Denn die trocken, also ohne Mörtel, aufgebauten Mauern oder Wälle werden neuerdings bei der Anlage von Grünanlagen wieder verstärkt eingesetzt! Als schmuckvolles

Eidechsen benötigen einen trockenen und warmen Lebensraum, wie ihn Steingärten oder Trockenmauern bieten.

und dabei **ökologisch wertvolles Gestaltungselement** erlebt die Trockenmauer gerade so etwas wie eine kleine Renaissance.

Einzug hält die Trockenmauer auch in viele private Gärten, so dass summa summarum deren Anzahl wieder steigen könnte, wenn dieser Trend anhält!

Ein Augenschmaus der „steinernen Art“

Ob man die Trockenmauer nun als rein gestalterisches Element, zur Abgrenzung von Gartenteilen, als Wegbegleiter, Grundstücksgrenze, zur Abstützung von höher gelegenen Gartenbereichen oder als rein ökologische Maßnahme einsetzt: Trockenmauern sind bei Gartenbesitzern wieder absolut „in“.

Ihre Langlebigkeit, das attraktive Erscheinungsbild, ihre Funktionalität sowie die Möglichkeit, lebendige Vielfalt hautnah zu erleben und zu beobachten, macht eine Tro-

Uralte Trockenmauer mit Efeubewuchs

ckenmauer zu einem exquisiten und dabei naturnahen „Luxusgut“ in einer zunehmend modernisierten und steriler werdenden Welt.

Mit Kalksteinen abgefangener Hang zu einem Lichthof im Souterrain

Alle Funktionen von Trockenmauern auf einen Blick:

- Abstützen einer Böschung
- Terrassierung von Steilhängen
- Einfriedung von Grundstücken
- Wind- und Lärmschutz
- Abgrenzung von Gartenteilen
- Einfassung von Hochbeeten (Kräuterspirale u. a.) oder Hohlwegen
- Lebensraum für Tiere und Pflanzen
- Dekoratives und naturnahes Element der Gartengestaltung
- Attraktive Sitzplätze
- Abstellflächen für Kübel etc.

DIE WICHTIGSTEN STEINARTEN IM PORTRAIT

Es spielt zunächst keine große Rolle, mit welcher Steinart wir eine Mauer trocken, also ohne die Verwendung von Mörtel, aufschichten, wenn Größe und Form der Steine das gewünschte Bauprojekt möglich machen. Allerdings gibt es beträchtliche Unterschiede, was den Preis und auch die Haltbarkeit von Steinen betrifft.

Aus ökologischen Gründen sollte man auch die Verfügbarkeit von Steinen in der Region klären sowie deren Transport zu dem Ort, an welchem wir das Projekt aus Stein errichten möchten.

An einer Mauer aus Granit oder Sandstein wird man in jedem Fall weit länger seine Freude haben als an einer Mauer, die aus flachen kalkhaltigen Schieferplatten oder Tuffstein aufgebaut wurde. So manch eine Tuffsteinart wie auch besonders flache kalkhaltige Steine zerfallen nur zu rasch, wenn die aus ihnen erbauten Mauern auch zunächst recht hübsch anzusehen sind.

Trockenmauer aus sorgfältig behauenen Natursteinen

TIPP! Steine mischen

Auch eine Mixtur verschiedener Steinarten hat ihren Reiz und kann zu künstlerisch interessanten sowie individuellen Gemäuern verbaut werden.

Wer allerdings viel Geld für Steine ausgibt, der möchte natürlich ein beständiges und haltbares Mauerwerk erhalten. Wurden einem Steine geschenkt, wird man allerdings gerne auch mit diesen Steinen etwas gestalten wollen, was natürlich nicht verboten ist!

Unbearbeiteter, also nicht behauener, Bruchstein besitzt die größte Natürlichkeit von allen Steinarten. Allerdings hält der Fachhandel auch bereits behauene und schon in Form gebrachte Steine bereit. Durch die gleichmäßig rechteckige Form wird das Aufschichten wesentlich erleichtert, jedoch wirken diese Mauern im Vergleich zu einer Bruchsteinmauer weit weniger natürlich. Außerdem liegen die Kosten für die bereits bearbeiteten Steine um ein Vielfaches höher!

SO ENTSTEHT STEIN

Steine gibt es in einer schier endlosen Vielfalt. Man unterscheidet sie nicht nur auf Grund von optischen Merkmalen. Auch anhand von Konsistenz und Haltbarkeit lassen sich Steine beschreiben und unterscheiden. Als wichtigstes **Unterscheidungsmerkmal** von Steinen sei jedoch die **Art ihrer Entstehung** genannt. Hierbei können drei Hauptentstehungsarten von Stein unterschieden werden:

1. Erstarrungs- oder Eruptivgestein
2. Ablagerungsgestein
3. Umwandlungsgestein

Erstarrungs- oder Eruptivgestein (Magmatite)

Zu den Magmatiten gehören etwa **Granit und Basalt.** Magmatite werden die Steine dieser Gruppe genannt, da sie beim Aufsteigen von Magma aus dem Erdinneren entstanden sind. Gelangt dieses noch flüssige Magma in die Nähe der Erdoberfläche, erstarrt es. Man nennt das auf diese Weise entstandene Gestein daher auch Erstarrungs- oder Eruptivgestein. Es handelt sich meist um unverwüstliche und schwer zu bearbeitende Hartgesteine.

Als Ausnahme gelten **Vulkantuff und Bimsstein,** die zwar ebenfalls in diese Gruppe gehören, durch besonders rasches Abkühlen der Lava allerdings erstaunlich viel Luft enthalten. Daher sind diese beiden Steinarten recht porös sowie auch relativ leicht. Sie werden daher gerne für Steingärten oder -hänge verwendet, da Pflanzen auf den löchrigen Steinen besonders leicht „Fuß fassen" und daher schnell eine gewachsene Einheit aus Pflanzen und Steinen entsteht.

Auf Vulkantuff, wie man ihn etwa in der Eifel (Deutschland) recht häufig findet, siedeln sich Flechten und Moose besonders rasch an.

Ablagerungsgestein (Sedimentgestein)

Steine dieser Gruppe entstanden durch Ablagerungen kleiner Gesteinsteilchen (Kies, Sand, Lehm und Ton) am Grund von Seen oder Ozeanen. Bei den Gesteinsteilchen handelt es sich um Verwitterungsprodukte von Magmatiten (Erstarrungsgesteinen). Erst großer Druck und die dabei entstehende Hitze sorgen für eine Verfestigung der Ablagerungen. In der Folge entstehen Steine von mittlerer Dichte mit meist deutlich erkennbaren Gesteinsschichten.

Kalkstein und Sandstein gehören zu den Sedimentgesteinen. Sie eignen sich in besonderer Weise für den Bau von dekorativen als auch langlebigen Trockenmauern. Die Steine zeichnen sich außerdem durch eine gute Bearbeitbarkeit aus.

Mächtige Trockenmauer aus stark verfestigtem Sandstein (Grauwacke)

Im „Bergischen Land“ (Nordrhein-Westfalen, Deutschland) zuhause ist die „Bergische Grauwacke“, eine Sandsteinart, die besonders geeignet für den Bau von Trockenmauern ist.

Umwandlungsgestein (Metamorphitgestein)

Von Umwandlungsgestein spricht man immer dann, wenn Gestein durch Hitze oder eine chemische Reaktion umgewandelt worden ist. Als Beispiele wären hier Marmor und Gneis zu nennen. Der Marmor etwa ist durch Umkristallisierung seiner Struktur aus einem Kalkgestein entstanden. Der Gneis war vor seiner Umwandlung ein Granit.

Kleine Steinkunde – die drei Hauptgruppen von Steinarten

Magmatite – Erstarrungs o. Eruptivgestein	Sedimente – Ablagerungsgestein	Metamorphite – Umwandlungsgestein
Basalt	Sandstein	Quarzit (umgewandelter Sandstein)
Quarzporphyr	Kalkstein	Marmor (umgewandelter Kalkstein)
Granit	Kalktuff (Travertin, Quelltuff)	Paragneis
Vulkantuff	Nagelfluh (Konglomerat)	Orthogneis
Bimsstein	Plattenkalk (z. B. Solnhofener)	Argilit
	Tonschiefer	Dachschiefer (umgewandelter Tonschiefer)
		Speckstein

WOHER KOMMEN DIE VIELEN NAMEN UND BEZEICHNUNGEN FÜR STEINE?

Wie kommt es, dass man etwa die Bezeichnung „Mosel-Grauwacke" nicht in obiger Liste findet? Und das, obwohl diese Gesteinsart sehr häufig für den Bau einer Trockenmauer empfohlen wird?

Um bei unserem Beispiel zu bleiben, wird als „Mosel-Grauwacke" ein besonders stark verfestigter Sandstein bezeichnet, der speziell in der Mosel-Region natürlich vorkommt und in dieser Region etwa für den Bau von Trockenmauern an Rebhängen verwendet wird. Die Mosel-Grauwacke zählt zur zweiten Gruppe der Steine, zu den Ablagerungsgesteinen. Sie besitzt spezifische Eigenschaften sowie eine einzigartige Zusammensetzung, was regional bedingt ist. Man wird vermutlich nirgendwo anders auf der Welt Steine finden, die der Mosel-Grauwacke absolut gleichen.

„Serizzo" wäre ein weiteres Beispiel für die Namensbezeichnung einer Steinart, die in Italien vorkommt. Serizzo ist ein Paragneis und man verwendet diese Steine gerne für Treppen und Fassaden. Es handelt sich dabei um ein Metamorphitgestein.

Bei den sehr bekannten „Solnhofener Platten" dagegen handelt es sich um einen Plattenkalk. Sie gehören zur Gruppe der Sedimentgesteine. Ihren Namen erhielten sie vom Ort Solnhofen, in dessen Umgebung das Gestein vorkommt.

Diese unüberschaubar große Vielzahl an Namensbezeichnungen für Gesteinstypen kann den unbedarften Hobbymaurer ein wenig verwirren. Ein klärendes Gespräch mit dem Natursteinhändler vor Ort kann mit Sicherheit sehr aufschlussreich sein.

Sehr große Kiesel sind das Ausgangsmaterial für dekorative Trockenmauerwälle.

KALKSTEIN, GNEIS UND NAGELFLUH

Als besonders geeignet für den Bau von dekorativen wie auch haltbaren Trockenmauern gelten Bruchsteine von Kalk- und Sandstein. Zu diesen beiden Gesteinstypen zählt eine Vielzahl von Abkömmlingen mit teils ganz unterschiedlicher Zusammensetzung, so dass Mauern aus Kalk- oder Sandsteinen ein häufig recht abwechslungsreiches Aussehen aufweisen können.

Nicht minder gut geeignet für den Trockenmauerbau sind auch Gneis, Granit oder Nagelfluh. Allerdings sind diese Steine nicht überall gut zu beschaffen und auch ihre Verarbeitung ist häufig als heikel zu bezeichnen.

Und überhaupt, wer kennt schon Nagelfluh?

Nagelfluh – was ist denn das?

Was hat denn ein Stein mit Nägeln zu tun, wird wohl die erste Frage sein, die man sich stellt, wenn man zum ersten Mal von dieser Steinart hört.

Und tatsächlich rührt der Name des „Konglomerats“, wie Nagelfluh ebenfalls genannt wird, daher, dass in dieser miteinander „verbackenen“ Geröllkomposition härtere Teilchen aus einer kalkhaltigen Matrix teils wie Stecknadelköpfchen herausschauen können. Bei dem Sedimentgestein wurde eine Ansammlung ganz verschiedener Geröllkomponenten miteinander verfestigt und in weichere Kalkschichten eingebettet. Nicht selten begegnen uns ganze Felswände (= „Fluh“) dieser Steinart.

Nagelfluh-Brocken sehen äußerst dekorativ aus und die daraus errichteten Mauern könnte man am ehesten als „urig“ oder „rustikal“ beschreiben.

Auch aus kleinen flachen Platten können hübsche Mauern aufgesetzt werden.

Gneis – eher selten, aber schön!

Beim Gneis handelt es sich um ein **Metamorphitgestein** von meist mittlerer Dichte und relativ hoher Festigkeit. Besonders häufig findet man Vorkommen von Gneis an Berghängen im Tessin. Allerdings kommt diese Gesteinsart auch in Flussbetten oder sogar auf Feldern vor. Die Steinart fällt auch durch ihre meist sehr **dunkle Färbung** auf. Die zwischen den Farbtönen Grau und Schwarz angesiedelten Steine sind häufig von weißen Quarzbändern durchzogen und besitzen die Neigung, wie Glas zu brechen. Dennoch sind die Steine beliebt bei der Gestaltung besonders aparter Trockenmauern.

Mauern aus Kalkstein – allseits beliebt!

Eine Mauer aus Kalkstein ist in jedem Fall ein echter „Hingucker“. Die meist **in helleren Grau- und Cremetönen gefärbten Steine** bieten zudem den kalkliebenden pflanzlichen Felsenbewohnern optimale Voraussetzungen, so dass hier aus Pflanzen und steinigem Untergrund rasch eine Einheit von außergewöhnlicher Schönheit entstehen kann.

Kalkstein ist aus Calcit aufgebaut, welches aus Ablagerungen von den Kalkschalen und Skeletten kleiner Meerestiere stammt. Kalksteine sind, wie eigentlich jedes Gestein, ganz offensichtliche Zeitzeugen der gigantischen Klimaveränderungen, die auf unserem Planeten stattgefunden haben.

Kalksteinarten gibt es viele. Deren **Zusammensetzungen können stark variieren**. So kommt etwa in Franken und der Fränkischen Alb ein spezieller Stein mit dem Namen „Kirchheimer Muschelkalk" vor, der sich durch seine plattige, stark poröse Struktur auszeichnet. Die vielkantigen Steine haben eine hellgraue bis weißgraue Farbe und besitzen meist bräunliche Einsprenkelungen. Dieser Kalkstein ist von hoher Festigkeit und lässt sich gut bearbeiten, was beste Voraussetzungen für den Bau einer Trockenmauer bietet.

Auch Kalktuff ist ein interessanter Stein aus der großen Gruppe der Kalksteine. Weitere Bezeichnungen für diese Steinart sind „Travertin" oder „Quelltuff". Entstehen kann das Sedimentgestein nur in kalkhaltigen Gewässern, wo es sich an Moose oder Gegenstände anlagert, sobald dem Wasser durch kalkliebende Algen CO_2 entzogen wird und in der Folge Calciumcarbonat ausfällt.

Ein nennenswertes Vorkommen von Kalktuff befindet sich in den Kalkbergen rund um Stuttgart.

Kalktuff wird gerne auch für Platten an Hausfassaden benutzt. Er hat ein geringes Gewicht und ist farblich meist in den Farben Gelbbraun bis Grau erhältlich. Trockenmauern werden allerdings eher selten aus Kalktuff errichtet.

Kalkstein-Trockenmauern harmonieren wunderbar mit dunkellaubigen Polsterpflanzen.

Die meisten Trockenmauern bestehen aus Sandstein

Sandstein gehört ebenfalls zu den Ablagerungsgesteinen (= Sedimentgesteinen). Bei einer Bearbeitung mit Hammer und Meißel hat der eher poröse Sandstein die Eigenschaft relativ leicht zu brechen, was beim Trockenmauerbau durchaus erwünscht ist. Diese Gesteinsart verfügt dennoch über eine hohe Festigkeit.

Die Farbe der Steine variiert von Rot und Grau (beispielsweise Main-Sandstein im Spessart oder in der Bayrischen Rhön) über helleres Rot bis gräulich vor allem beim Weser-Sandstein im Weserbergland, dem Eggegebirge oder im Thüringer Wald bis zu Graubraun oder Hellgrau mit rötlichem Schimmer bei der Grauwacke, die vor allem im Westerwald, in Nordhessen, dem Südharz oder auch im Bergischen Land recht häufig vorkommt.

Sandstein: Der ideale Baustoff für Trockenmauern

WAS GENAU IST EIGENTLICH „BRUCHSTEIN“?

Bruchstein entsteht jeweils, wenn Steine von einem größeren Felsen abbrechen. Das geschieht oftmals ganz natürlich, etwa durch die Sprengkraft von gefrorenem Wasser. In Steinbrüchen werden die Natursteine jedoch überwiegend maschinell durch Bohren und Sprengen abgebrochen. Die Bruchsteine weisen eine unregelmäßige Form und teils scharfe Kanten auf. Sie sind gänzlich unbearbeitet und daher ideal, um mit ihnen eine natürlich wirkende Trockenmauer zu bauen.

EINE GUTE PLANUNG IST WICHTIG!

Bevor man nun zur Tat schreitet und mit dem Bau eines Projektes aus Stein beginnt, hat der gewissenhafte zukünftige „Trockenmaurer“ sicherlich schon eine ganze Reihe an **Vorüberlegungen** angestellt.

Die unten aufgeführten und vielleicht auch noch einige andere Fragen stellen wir uns meist automatisch, sobald die Idee zum Bau einer Trockenmauer beginnt, in unseren Köpfen Gestalt anzunehmen. An dieser Stelle sollen ausdrücklich alle Leser ermuntert werden, ein gewünschtes Steinprojekt selbstständig in Angriff zu nehmen. Selbst für einen Einzelnen, ob nun männlichen oder weiblichen Geschlechts, sollte sich etwas Geeignetes finden lassen, das er im Rahmen seiner Möglichkeiten und in Eigenregie in die Realität umzusetzen in der Lage ist.

Nachfolgende Fragen sollten schon vor dem eigentlichen Bau der Mauer geklärt werden:

- Wo könnte die Trockenmauer stehen?
- Welche Funktion soll sie haben?
  - Könnte man sie als Umrandung für ein Hochbeet, zum Abstützen eines Hügels oder als Einfassung eines Senkgartens oder Hohlweges verwenden?
  - Soll sie sich an einen Hang anlehnen oder frei stehend als Grundstücksgrenze oder Raumteiler dienen?
- Soll eine Bank mit Rückenlehne oder eine Vertiefung als so genannter „Tritt“ in die Mauer eingebaut werden?
- Welches Material ist geeignet?
- Ist ggf. schon Material vorhanden und kann dieses (mit-)verwendet werden?
- Brauche ich spezielles Werkzeug?
- Ist die Arbeit von mir alleine zu bewältigen oder brauche ich Hilfe?
- Muss Erde für einen Hügel erst noch angeliefert werden oder entscheide ich mich für eine frei stehende Mauer, die sich harmonisch als Raumteiler oder Grundstücksgrenze in den Garten einfügt?

Die Mauern Englands sind traumhaft schön und vielfältig gebaut!

Auf Einzelheiten zu allen Fragen der Baudurchführung von der Planung der Mauer bis hin zu ihrer Bepflanzung wird so detailliert wie möglich in den nun folgenden Abschnitten eingegangen, damit der eigenen Trockenmauer nichts mehr im Weg steht.

BAUPLATZ UND VERLAUF DER MAUER

Selbst angefertigte **Skizzen** sind immer hilfreich, da sie das geplante Projekt bildlich darstellen. Es muss sich hier nicht um ein Kunstwerk handeln. Auf dem Papier können jedoch vorab einige **Mauervarianten** durchgespielt werden:

- Soll die Mauer gerade oder vielleicht doch lieber kurvig verlaufen?
- Wie hoch muss sie werden?
- Soll sie überall gleich hoch sein oder lässt man sie zu einer Seite hin in Stufen oder gleichmäßig flach auslaufen?

Optimale Lösung einer Eckkonstruktion bei einer Sandsteinmauer aus Bergischer Grauwacke. Verwendet wurden eher kleine Steine, so dass eine abgerundete Ecke entstehen konnte.

Standort

Bei einer an einen Hang angelehnten Stützmauer besteht kein Zweifel an deren optimalen Ausrichtung. Pflanzen und Tiere, die einen felsigen und gleichzeitig trockenen Lebensraum bevorzugen, lieben die Sonne und somit sollte die Trockenmauer in die **südliche Himmelsrichtung** zeigen! Alternativ ist auch eine Ausrichtung nach Südwesten oder Südosten möglich. Hier können sich die Felsspezialisten am besten entwickeln und auch Tiere lieben die von der Sonne aufgewärmten Steine, etwa um darauf ein Sonnenbad zu nehmen.

Bei einer frei stehenden Trockenmauer wird es allerdings immer auch eine „Schattenseite" geben. Doch stehen auch hier attraktive, auf kühlere und feuchtere Felsstandorte spezialisierte Pflanzen zur Verfügung!

Südlich ausgerichtete Mauern können viele Felsenbewohner beheimaten, die sich hier hervorragend entwickeln.

Inspektion des Untergrundes

Der Standort der Mauer steht fest? Dann sollte nun der Untergrund dieser Örtlichkeit gründlich in Augenschein genommen werden! Ist das Erdreich an dieser Stelle alt und gewachsen oder wurde der Boden erst kürzlich aufgeschüttet?

Ein **alter Boden**, der **gut verfestigt** ist, eignet sich ungleich besser, um darauf eine Trockenmauer zu errichten, als ein frisch aufgeschütteter, da er nicht mehr arbeitet und sich in den nachfolgenden Jahren auch nicht mehr absenken wird.

Je jünger das Erdreich dagegen ist, desto mehr Bewegung ist darin noch zu erwarten. Der Boden wird sich mit großer Gewissheit noch ein Stück weit senken oder, im Falle einer abstützenden Trockenmauer, besonders stark von innen auf die Steine drücken. In diesem Fall muss noch weit mehr Sorgfalt auf ein zu errichtendes Fundament in Form eines Kies- oder Schotterbettes gelegt werden.

Die Verwendung von besonders großen, blockförmigen Steinen hat hierbei den Vorteil, dass diese einem erhöhten Erddruck besser standhalten, als es eine Trockenmauer mit eher „zierlichem" Mauerwerk vermag.

Wer unter der gesamten Mauer ein wasserdurchlässiges Unkrautvlies verlegt, ist in jedem Fall sicher, dass keine Wurzeln von unerwünschten Kräutern in die Mauer wachsen. Auf stetiges Jäten darf natürlich auch dann nicht verzichtet werden, da beständig Samen herangetragen werden.

Wurzelunkräuter entfernen

Trotz eines massiven Fundaments macht es Sinn, auch tief wurzelnde Unkräuter aus dem Erdreich zu entfernen. Wenn diese sich erst einmal ihren Weg hinauf gesucht und die Mauer erobert haben, kommt man diesen unerwünschten Kräutern nicht mehr bei. Vor allem Windenarten, aber auch Brennnesseln, Giersch, Efeu oder Schachtelhalm haben auf einer Trockenmauer nichts zu suchen. Sie würden in kürzester Zeit das Mauerwerk unter sich begraben oder, noch weit schlimmer, das Steingefüge durch die Kraft ihrer Wurzeln (Efeu) zerstören.

Manchmal ist es auch sinnvoll, ein Unkrautvlies unter der zukünftigen Mauer zu verlegen, damit man in Sachen Wurzelunkraut auf der absolut sicheren Seite ist.

STEINE SAMMELN, KAUFEN ODER ORGANISIEREN?

Aus Gründen der Ökologie wie auch der Umweltverträglichkeit wird ganz allgemein empfohlen, für ein Trockenmauerprojekt Steine zu verwenden, die **in der jeweiligen Region natürlich vorkommen** und dort in einem Steinbruch abgebaut werden. Oftmals sind das sogar recht viele unterschiedliche Steinarten, so dass man aus einer Vielfalt von Steinen wählen kann.

Um herauszufinden, welche Steine in der Region vorkommen, lohnt sich in jedem Fall der Besuch eines Naturstein- oder Baustoffhändlers oder eines Steinbruchs. Dort wird man meist auch zur Steinqualität und zur benötigten Menge gut beraten.

TIPP! Regionalität

Warum sollte man Steine aus der Region verwenden?

- Geringere Kosten
- Kürzere Transportwege
- Rasche Besiedlung mit Tieren und Pflanzen
- Harmonische Integration in die Landschaft

Augen aufhalten lohnt sich!

Ist es nicht so, dass uns bisher Steine in unserem Umfeld kaum aufgefallen sind? Wer jedoch gezielt die Augen offen hält, entdeckt sie nun überall: Steine, die achtlos in einer Garageneinfahrt lagern, das alte Haus, das abgebrochen wird, oder massenhaft Bruchsteine im Garten von Bekannten, die übrig geblieben sind vom Bau des Hauses oder einer Mauer. Die Gelegenheiten häufen sich plötzlich und so viele Steine scheinen nur darauf zu warten, mitgenommen zu werden.

Es kann sich schnell auszahlen, wenn man im entscheidenden Moment den Beutel bzw. den Kofferraum auf- oder den Anhänger bereithält, um eine zusätzliche Ladung Steine preiswert oder gar gratis zu ergattern.

Fragen kostet nichts und weniger als ein „Nein“ ist hierbei nicht zu erwarten. Auf diese Weise kann mit der Zeit eine schöne Ansammlung von Steinen für allerhand dekorative Bauprojekte zusammenkommen.

Das Sammeln von größeren Flusskieseln, Findlingen oder Feldsteinen lohnt sich ebenfalls und bereitet darüber hinaus viel Freude. Auch auf einer Bauschuttdeponie wird „der nach Steinen Suchende“ gelegentlich fündig. Allerdings muss man hier unbedingt die Erlaubnis einholen, um sich nicht strafbar zu machen.

Steine begegnen uns auf Schritt und Tritt und so manch ein Hausbesitzer ist froh, wenn er überzählige loswerden kann. Fragen kostet nichts!

WIE VIELE STEINE BRAUCHE ICH FÜR MEIN TROCKENMAUERPROJEKT?

Die exakte benötigte Steinmenge zu berechnen ist kaum möglich, da diese immer auch von der verwendeten Steinart, der Größe der Steine sowie der Dimension des Bauwerks abhängig ist. Dennoch möchte man so „Pi mal Daumen" einschätzen können, welche Steinmenge besorgt werden sollte. Im Zweifelsfall bestellt man lieber ein paar Steine mehr. Falls dann noch Steine über sind, beginnt man am besten sogleich mit der Planung des nächsten Projekts ...

Als Faustregel gilt folgende Angabe:
1 t Stein entspricht in etwa 3 m³ Mauerfläche (Vorder- UND Oberseite der Mauer!).

Da man die Notwendigkeit einer manuellen Bearbeitung einer größeren Anzahl von Steinen jedoch möglichst überflüssig

Berechnungsformel für die benötigte Steinmenge

Man berechnet die benötigte Menge Stein nach folgender Formel:
$(L \times H)\ m^3 + (L \times T)\ m^3$

Für eine 5 m lange, 80 cm hohe und 40 cm dicke Mauer ergibt sich daher folgende Rechnung:
$(5 \times 0{,}8)\ m^3 + (5 \times 0{,}4)\ m^3 = 6\ m^3$

Die benötigte Steinmenge für 6 m³ beträgt demnach rund 2 t !

machen möchte, sollte man **generell rund eine Vierteltonne bis zu einer halben Tonne Steine zusätzlich** einplanen. Das ist in aller Regel weit günstiger, als wenn man während des Mauerbaus plötzlich feststellt, dass man zu wenige Steine hat. Eine Nachbestellung ist in der Regel recht kostspielig und/oder mit hohem Arbeitsaufwand verbunden.

Steine im Fachhandel besorgen

Als erste Adresse für hochwertige Steinqualität ist sicher der Naturstein- und/oder Baustoffhandel zu nennen. Hier wird man außerdem komfortabel beraten, kann Fragen loswerden und sich zwischen loser, unsortierter oder aber vorsortierter Ware entscheiden. Oft wird auch die Möglichkeit angeboten, die gewünschten Steine von aufgeschütteten Hügeln selbst herauszusuchen. In diesem Fall ist jedoch unbedingt darauf zu achten, bei den Steinen die benötigte Vielfalt an Formen und Größen zu bekommen, welche für die verschiedenen Mauerbereiche sowie aus Stabilitätsgrünen für den Bau der Mauer benötigt wird (siehe dazu auch S. 59).

Eine „schwerwiegende“ Sache: der Transport der Steine!

Beim Vergleich der reinen Materialkosten mit den Kosten für den Transport lohnt es sich vor allem bei größeren Liefermengen, ab 1 Tonne Steine aufwärts etwa, diese anliefern zu lassen. Außerdem gilt bei der Arbeit mit Steinen generell, dass deren Transport in jedem Fall Schwerstarbeit im wahrsten Sinne des Wortes ist. Es wäre also unklug, hierbei Kosten sparen zu wollen und in der Folge jeden einzelnen Stein gleich mehrfach bewegen zu müssen.

Bei einer Anlieferung mit einem LKW sollte man darauf achten, die Steine so nah als möglich am endgültigen Standort der Mauer abladen zu lassen. Das spart unnötige und kraftzehrende Transportwege im Garten.

Hat man allerdings einen Anhänger oder kleinen Lastwagen zur Verfügung und möchte die Steine selber vom Steinhändler holen, sollte man daran denken, den Reifendruck vorher zu überprüfen und im Vorfeld abzuklären, ob man die Steine lose

Den günstigsten Preis für Steine erhält man oft, wenn man sie selbst von einem Haufen im Steinbruch sammelt.

oder auf einer Palette transportieren möchte. Paletten haben den Vorteil, dass man eine große Steinmenge auf einmal mit einem Gabelstapler bewegen kann.

Viele Natursteinhändler haben sowohl Paletten, die sie verleihen, als auch Gabelstapler, die beim Beladen eingesetzt werden können.

Da der Platz, an dem die Steine abgeladen werden, so nah wie möglich an der künftigen „Baustelle" liegen sollte, müssen vorab die Zufahrtsmöglichkeiten geprüft werden. Allerdings lassen sich Transportwege von der Abladestelle bis zum Bauprojekt nicht immer vermeiden. Hierfür können Sackkarren, Handkarren oder eine stabile Schubkarre verwendet werden. Es sollte jedoch unbedingt darauf geachtet werden, dass man die Karren nicht zu voll belädt, da die Steine ein extrem hohes Gewicht haben. Stattdessen besser häufigere Fahrten einplanen!

HINWEIS! Nicht überladen

Werden Schubkarren oder Sackkarren zum Transport von Steinen genutzt, sollten diese niemals zu schwer beladen werden!

Zur Schonung von Rücken und Gerät sollte die Schubkarre nicht allzu vollgeladen werden.

Besondere Steinarten werden vom Fachhändler häufig auf Paletten angeliefert.

WAS KOSTEN DIE STEINE?

Es ist kaum möglich, eine allgemeingültige Aussage zu den Materialkosten für ein Kunst- oder Bauwerk aus Stein zu machen. Zu unterschiedlich sind die Herkunftsquellen wie auch Art und Beschaffenheit der Steine selbst. Dazu kommen noch die Transportkosten, die abhängig von der Entfernung, dem beauftragten Transportunternehmen sowie von der Menge der georderten Steine sind.

Manch einer baut auch ganz bewusst auf eine Mischkalkulation, indem er sich nach günstigen Zusatzangeboten umschaut, wo Steine bzw. weiteres benötigtes Material wie Splitt oder Bauschutt verschenkt oder günstig an Selbstabholer abgegeben werden.

Sollte man zufällig Zeuge werden, wenn irgendwo ein altes Gebäude, eine Mauer oder eine Scheune abgerissen werden, darf man ruhig ohne Scheu nachfragen, was mit vorhandenen Natursteinen geschieht. Vielleicht findet man dort, gegen ein angemessenes Trinkgeld, sogar noch einige freiwillige Helfer, die beim Einladen mit anpacken.

Eine weitere Möglichkeit, günstig an Steine zu kommen, sind Internet-Versteigerungen. Eilige Trockenmauerbauer werden vermutlich direkt den Fachhandel ansteuern und hier Angebote einholen.

Ganz gleich wo man Steine besorgt: Man sollte sich die Steine vor Ort unbedingt ansehen, damit sie hinterher auch der eigenen Vorstellung entsprechen. In vielen Steinbrüchen sind die Steine nach Größen vorsortiert und man kann die gewünschten Steine dort ordern. Ein wenig Verhandlungsspielraum ist unter Umständen auch noch vorhanden, vor allem, wenn man gleich eine größere Menge an Steinen bestellt.

Beim Fachhändler kann auch abgeklärt werden, ob man die Steine mit einem eigenen Transportfahrzeug holen und dadurch weitere Kosten einsparen kann.

TIPP! Zeitlassen spart Geld

Wer sich Zeit zum Sammeln und Organisieren der benötigten Steine nimmt, ist demnach in finanzieller Hinsicht im Vorteil.

Preisbeispiele

Im Jahre 2018 kosteten:

Beim Baustoffhändler (Netto-Preise):

1 Tonne Grauwacke, MH 4: Steingröße 20–40 cm		€ 116,00
1 Kranhub		€ 8,00
Anfuhrkosten (Pauschalbetrag)*	etwa	€ 90,00
Gesamtkosten für 1 Tonne Grauwacke MH 4	etwa	**€ 214,00**
1 Tonne Grauwacke, MH 8: Steingröße 6–20 cm		€ 188,00
1 Kranhub		€ 8,00
Anfuhrkosten (Pauschalbetrag)*	etwa	€ 90,00
Gesamtkosten für 1 Tonne Grauwacke MH 8	etwa	**€ 286,00**

*Die Transportkosten bleiben auch bei größeren Steinladungen in etwa gleich hoch!

Direkt vom Steinbruch (Brutto-Preise)

1 Tonne Grauwacke, grob vorsortiert nach Größe, für Selbstabholer	ab **€ 22,00**

Im Idealfall lädt man die Steine in der Nähe der Baustelle ab.

Wie man an obigen Beispielen erkennen kann, variieren die Preise für Bruchsteine immens. Am günstigsten kommt man an Steine heran, die man selbst im Steinbruch abholt und die dort unsortiert oder nur grob vorsortiert auf einem Haufen liegen. Das ist natürlich mit einiger Mühe und Schweißarbeit verbunden, jedoch unschlagbar günstig.

Diesen Service bieten jedoch nicht alle Steinbrüche an. Auch muss ein Anhänger für den Transport der Steine vorhanden sein. Bei einigen Steinbruch-Unternehmen ähnelt das preisliche Angebot an Steinen in etwa dem eines Baustoffhändlers. Es lohnt sich also, bei mehreren Anbietern anzufragen, bis das Angebot dabei ist, das einem am ehesten zusagt.

GUT (AUS-)GERÜSTET FÜR DEN MAUERBAU

Die gute Nachricht gleich vorweg: Für den Bau einer Trockenmauer wird kein teures Werkzeug benötigt! Der Großteil der benötigten Ausrüstung sollte in jedem gut sortierten Haushalt bereits vorhanden sein.

Dennoch soll an dieser Stelle auf die einzelnen Bestandteile der benötigten Ausstattung zum Bau einer Trockenmauer eingegangen werden, da gutes Werkzeug die Arbeit stets erleichtert. Oder anders herum ausgedrückt: Das falsche Werkzeug kann den zügigen Verlauf sowie das Ergebnis der Arbeit durchaus beeinträchtigen.

Zur Grundausstattung gehören:
- Schubkarre
- Hand- oder Sackkarre
- Schaufel
- Spaten
- Vorschlag- und/oder Maurerhammer
- Robuste Arbeitshandschuhe

Die oben aufgelisteten Gegenstände sollten in jedem gut ausgestatteten Haushalt bereits vorhanden sein. Falls das eine oder andere Teil noch fehlt, könnte es vielleicht auch entliehen werden, um die Kosten für eine Neuanschaffung gegebenenfalls einzusparen.

Eine Schubkarre leistet jedem Gärtner gute Dienste. Jeder Haus- und Gartenbesitzer sollte demnach eine besitzen. Will man darin Trockenmauersteine transportieren, sollte sie unbedingt eine gute, stabile Beschaffenheit haben.

Eine Sackkarre ist ein sinnvolles Hilfsmittel für den Transport von größeren Steinbrocken.

HINWEIS! Gute Qualität

Schubkarren, Hand- oder Sackkarren, die für den Transport von Steinen genutzt werden, sollten eine stabile Qualität besitzen!

SPEZIALWERKZEUG – EINIGE NÜTZLICHE HELFER

Zum Ausrichten der Steine und zu deren Bearbeitung stehen uns einige nützliche Helfer zur Verfügung. Das wären im Einzelnen die Folgenden:

Brecheisen oder Brechstange

Hierbei handelt es sich um **Eisenstangen** unterschiedlicher Länge und mit einem Durchmesser von rund 3 cm. Das Ende dieser Stangen kann zu einer Spitze geformt oder auch flach zulaufend verbreitert sein. Mit einer Brechstange lassen sich schwere Steine **positionieren** oder **aus der Erde hebeln**. Wenn mit besonders großen Steinen gearbeitet wird, ist ein Brecheisen oder die Brechstange ein absolutes Muss.

Hammer

Selten kommt der Trockenmaurer mit einem einzigen Hammer aus. Zum Behauen und Spalten von Steinen sollte ein nicht zu leichter, also mittelschwerer Hammer verwendet werden, der dennoch gut in der Hand liegt. Hierzu geeignet wäre ein kleinerer **Vorschlaghammer (Fäustel)**, ein **Schlosserhammer** oder ein **Steinhammer**. Wie groß und schwer der verwendete Hammer ist, hängt sicher auch vom Nutzer ab. Eine eher zierlich gebaute Frau wird einen leichteren Hammer wählen, als es ein großer kräftiger Mann tun würde.

Von großem Nutzen ist auch ein **Gummihammer**. Mit seiner Hilfe können Steine in der Trockenmauer zurechtgerückt werden, ohne sie dabei zu beschädigen.

Meißel

Nur mit einem Hammer allein wird man die Steine nicht zufriedenstellend bearbeiten können. Erst „mit Hammer und Meißel" können Steine entlang einer gedachten Linie gespalten werden. Dazu wird der Meißel entlang dieser Linie auf den Stein aufgesetzt und mit dem Hammer (Fäustel o. a.) angetrieben.

Es wird bei Bruchsteinen auf Grund ihrer Gesteinsschichtung zwar nicht immer funktionieren, dass die Steine exakt an dieser Linie entzwei brechen, doch nach mehreren Versuchen ist dann doch meist ein Stein dabei, der irgendwie in die Lücke hineinpasst …

Fäustel, Gummihammer und Steinhammer (von links nach rechts)

Meißel mit unterschiedlichen Klingen sind gute Helfer beim Bearbeiten von Steinen.

Man unterscheidet beim Meißel nach der **Ausformung seiner Schneide**:

- Der so genannte Setzer (= Stemmer, Preller) besitzt eine bis zu 7 cm breite, etwas abgeschrägte Schneide.
- Beim Schlagmeißel ist die Schneide nur rund 2–3 cm breit und
- beim Spitzmeißel besteht sie, wie der Name schon verrät, aus einer Spitze.

Die Schneiden oder Klingen bestehen, im Gegensatz zum Schaft, aus gehärtetem Stahl, was deren Nutzungsdauer erhöht.

Werkzeug kann man recht preisgünstig gebraucht kaufen. Entweder man schaut auf Floh- und Trödelmärkten, in Kleinanzeigen oder auf Internetplattformen.

Natürlich kann man gutes Werkzeug auch im Fachhandel beziehen. Allerdings sollte man hier nicht unbedingt immer zu den günstigsten Angeboten greifen, denn beim Werkzeug gilt allgemein, dass sich Qualität am Ende auszahlt.

Wasserwaage, Maurerschnur

Ein häufiges (Augen-)Maßnehmen mit ein paar Schritten Abstand sollte normalerweise ausreichen, um schließlich ein optisch ansprechendes Bauwerk zu erhalten. Schließlich soll sich die Trockenmauer harmonisch in den Garten einfügen, so dass man das Bauwerk schon während des Aufbaus aus den unterschiedlichsten Blickwinkeln betrachten sollte.

Wer sich allerdings nicht ausschließlich auf sein eigenes Augenmaß verlassen will, misst des Öfteren mit einer Wasserwaage nach. Das bedeutet jedoch nicht, dass die Betrachtungen der Mauer per Augenmaß dadurch entfallen sollten. Wenn die fertige Trockenmauer später im Garten steht, werden Besucher mit Sicherheit keine Wasserwaage dabei haben und die Mauer sollte

Alte mit Lerchensporn bewachsene Trockenmauer im zentralen Süden von England

dann auch mit bloßem Auge einen ansprechenden Eindruck vermitteln.

Legt man großen Wert auf einen schnurgeraden Verlauf der Mauer, ist das Spannen einer Maurerschnur empfehlenswert.

Schutzkleidung

Generell sollte bei der Arbeit mit Steinen auf das Tragen von robusten **Lederhandschuhen** nicht verzichtet werden!

Sobald Steine mit Hammer und Meißel bearbeitet werden, ist der Einsatz einer sicheren Schutzbrille unumgänglich! Praktischerweise trägt man die Brille mit einer Schnur um den Hals, damit man sie bei Bedarf immer gleich aufsetzen kann.

WICHTIG! Achtung!

Niemals ohne Schutzbrille mit Hammer und Meißel auf einen Stein einschlagen!

So manch gebrochener Zeh hätte vermieden werden können, wenn der Trockenmaurer **Schuhe mit Stahlkappe** getragen hätte, folglich sind diese ebenfalls zu empfehlen.

TROCKENMAUER SUCHT PASSENDEN GARTEN

Eine Trockenmauer aus Bruchstein strahlt eine ursprüngliche Natürlichkeit aus, die ihresgleichen sucht. Wer jedoch meint, dass sie damit an jeden beliebigen Ort passt, irrt sich.

Stellen wir uns einen architektonisch streng gestalteten Garten oder Park oder gar ein hochmodernes Verwaltungsgebäude vor. Eine trocken aufgeschichtete Bruchsteinmauer mit ihren unregelmäßig geformten Steinen würde in diesem Umfeld doch fast schon kitschig oder regelrecht deplatziert wirken.

In einem allzu modernen Umfeld oder einem Garten mit strikt geometrischem Aufbau sind Mauern mit behauenen Natursteinen passender. Behauene Steine sind allerdings wesentlich kostspieliger in der Anschaffung als unbehauener Bruchstein. Mit ihnen lassen sich ebenfalls rustikale Mauern aufsetzen. Aus ökologischer Sicht sind derartige Mauern jedoch weniger wertvoll als eine Mauer aus unregelmäßig geformten Steinen

Mit Gabionen können Grundstücke formstreng eingefasst und sogar Eingangsbereiche gestaltet werden.

mit ihren zahlreich vorhandenen Ritzen und Spalten.

Eine weitere Alternative für oben genannte Gartensituationen stellen rechteckige und mit Bruchstein gefüllte Gitterkörbe dar, so genannte **„Gabione“**. Diese Steinkörbe vermitteln unauffällig zwischen Gebäude und Landschaft, sowie zwischen Formstrenge und Natürlichkeit.

Doch selbst in Naturgärten gibt es Bereiche, in denen eine Trockenmauer ebenfalls unpassend wirken kann. Würde man sie etwa als Mittelpunkt eines Nutzgartens wählen, so käme ihre Schönheit nicht recht zur Geltung. Überhaupt gehört eine Mauer schon von ihrer Form und von ihrem Nutzen her **besser an den Rand einer Gartenanlage** oder als Raumteiler zwischen zwei Gartenbereichen.

Tatsächlich hat man häufig in bereits eingewachsenen Gärten seine liebe Mühe, einen geeigneten Ort für das gewünschte Trockenmauerprojekt zu finden und nicht selten sind umfangreiche Umgestaltungsmaßnahmen nötig, die mit entsprechend viel Aufwand verbunden sind.

Bei Gartenneuanlagen lässt sich eigentlich immer ein passender Ort für ein Mauerprojekt aus Natursteinen mit einplanen, sei es als Abstützung von unebenem Gelände, als Einfassung für Hohlwege, Sitzplätze und Hochbeete oder als Raumteiler für verschiedene Gartenbereiche.

Die Entscheidung, ob etwas schön ist, liegt letzten Endes jedoch beim Gartenbesitzer selbst. Was ihm gefällt, kann guten Gewissens in die Tat umgesetzt werden.

Jeder gut sortierte Fachhandel bietet inzwischen Gabionen in diversen Ausführungen an.

Gabione – Drahtgitterkörbe und Naturstein

Der Begriff „Gabione“ stammt aus dem Italienischen. „Gabbioni“ heißt übersetzt „Drahtkisten“.

Schon bei den alten Römern war die Methode sehr beliebt gewesen, mit Steinen, die man in ein Korbgeflecht aus Weiden füllte, Stützmauern zu errichten. Heute hat man sich auf diese alte Tradition zurückbesonnen und verwendet statt des Weidengeflechtes Gitterkörbe aus stabilem Draht.

Der Einsatzbereich dieser mit Steinen gefüllten Drahtgitterkörbe ist vielfältig. Erfolgreich werden sie zur Hangsicherung, Uferbefestigung, als Lärm- oder Sichtschutzwall und sogar als Fassadenverkleidung verwendet. Im Hochgebirge werden Steinkörbe auch zur Vorbeugung vor Lawinen eingesetzt.

Eine Begrünung der Gabionen ist ebenfalls möglich, jedoch am ehesten durch ein Überwuchern mit Ranken bildenden Pflanzen und weniger durch ein gezieltes Einsetzen von Pflanzen in bestehende Ritzen und Spalten zwischen den Steinen. Auf Grund der Ummantelung aus Draht ist dies nur bedingt möglich.

Ohne Zweifel stellen diese steingefüllten Drahtkörbe eine Alternative zu vielen anderen Mauervarianten dar, ein gleichwertiger Ersatz für eine solide gebaute Trockenmauer können sie jedoch niemals sein, da hier auch der künstlerische Anspruch ein ganz anderer ist. Ihre harmonische Einfügung in eine naturbelassene Landschaft ist teils schwierig, allerdings gibt es auch einige gelungene Beispiele, bei denen Hänge rund um moderne Verwaltungsgebäude mit Gabionen befestigt wurden und hierbei moderne Architektur mit „modernem Trockenmauerbau“ gekonnt miteinander verbunden werden konnten.

DIE STÜTZMAUER AM HANG

Die wohl am häufigsten verwendete Trockenmauer ist die Stützmauer, welche dazu dient, Erdhänge abzufangen. Bei dieser Art von Trockenmauer verbinden sich Schönheit und Nutzen auf vollkommene Art und Weise. Dennoch schrecken viele Gartenbesitzer vor dem Eigenbau einer solchen Mauer-Schönheit zurück.

Viele Hobbygärtner können sich anscheinend nur schwer vorstellen, eine harmonisch an den Hang geschmiegte Mauer selbst zu errichten. Dieses Denken ist jedoch völlig unbegründet, denn der Trockenmauerbau ist alles andere als schwer, wenn man vom Gewicht der Steine einmal absieht.

Natürlich gibt es einige Dinge zu erlernen und beim Bau der Mauer zu beachten, damit das Ergebnis den eigenen Vorstellungen entspricht. Daher sollte man sich Zeit und Ruhe für die einzelnen Arbeitsschritte nehmen und schon vor Baubeginn das benötigte Material wie auch die Ausrüstung und benötigtes Werkzeug besorgt haben.

Je nachdem, wie hoch und stark eine Mauer werden soll, wird sich auch die Notwendigkeit eines tief reichenden Fundaments danach ausrichten.

TIPP! Mauerhöhe

Dem Laien sei geraten, eine Mauerhöhe von rund 1 m nicht zu überschreiten und den Bau von höheren Trockenmauern doch besser einem Fachbetrieb zu überlassen.

1. ARBEITSSCHRITT: JÄTEN UND AUFRÄUMEN

Vor Jahren wurden in einem Teil unseres Gartens vier hohe Fichten gefällt, deren Stümpfe dort einfach stehen gelassen und die Zwischenräume mit Erde aufgefüllt wurden. Um diesem Bereich ein wenig Ordnung und Struktur zu verleihen, wurde ein kleiner Staketenzaun gesetzt. Auf dem Erdhügel wuchsen im ersten Jahr recht üppig Kürbisse. Später siedelten sich hier jedoch zahlreiche Wildpflanzen wie Efeu, Winden, Kleine Klette und Beinwell an, deren Samen und Wurzelwerk bereits im Boden vorhanden waren. Der Bereich wurde in den darauffolgenden Jahren mehr oder weniger sich selbst überlassen.

Nachdem die Entscheidung zum Bau einer trocken aufgesetzten Stützmauer in diesem Gartenbereich gefallen war, musste zunächst der Bewuchs zu einem Großteil entfernt werden.

Anschnitt und Aushub

Ist ein abzustützender Hang bereits vorhanden, erfolgt nun dessen **Anschnitt**. Gegebenenfalls muss ein Hang erst noch modelliert werden, indem guter Mutterboden angeliefert wird. Einen neuen Erdhaufen sollte man unbedingt noch einige Zeit ruhen lassen, bis er ganz von alleine etwas in sich zusammensackt.

Je nach Umfang des geplanten Mauerprojekts kann der bestehende oder neu aufgeschüttete Hang entweder in Handarbeit mit Spaten und Schaufel angeschnitten werden oder, bei höheren wie auch breiteren Stützmauern, auch mit Hilfe eines kleinen Baggers. Der Einsatz eines kleinen Baggers spart natürlich viel Fleißarbeit und ist bei größeren Projekten sinnvoll.

Ein **Bagger** wird immer einen senkrechten Schnitt machen. Per Hand (mit Schaufel und ggf. Breithacke) muss in diesem Fall nachgearbeitet werden, so dass ein zum Hang hin abgeschrägter Anschnitt entsteht. Diese „Schräge“ soll dem künftigen „Anlauf“ (siehe S. 55) der Mauer entsprechen.

Die nun angefallenen Erdmassen sollten auf jeden Fall aufgehoben werden. Erfahrungs-

Ist ein Gartenteil bereits so intensiv eingewachsen, ist doch ein beträchtlicher Arbeitsaufwand nötig, um hier eine attraktive Trockenmauer zu errichten.

Der Anfang ist getan!
Sobald die Pflanzendecke entfernt wurde, zeigt sich die strukturelle Beschaffenheit dieses Gartenbereichs, so dass der spätere Verlauf der Mauer festgelegt werden kann.

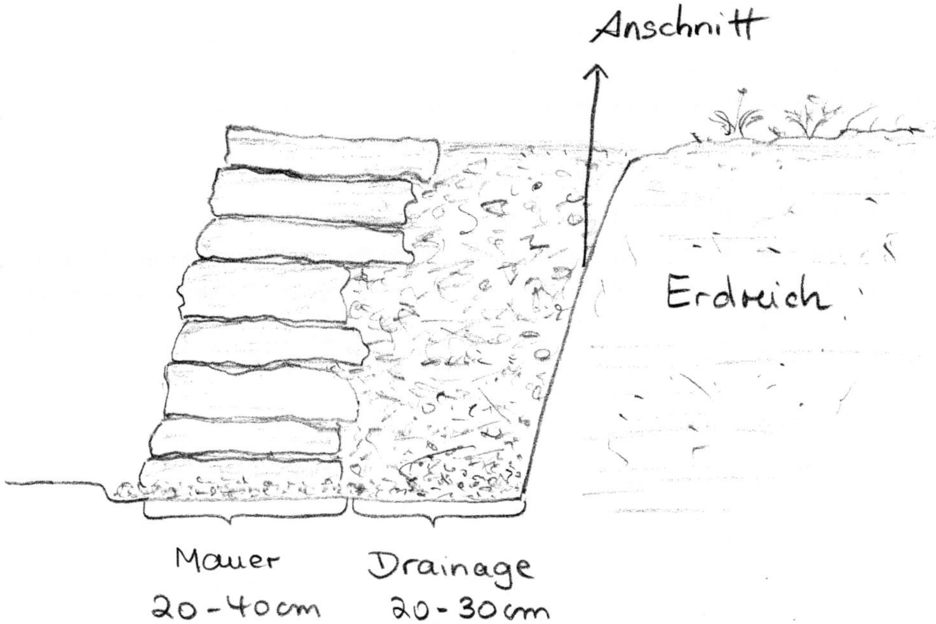

Der Anschnitt beträgt meist zwischen 5 und 20 %; eine sanfte Neigung zum Hang ist meist ausreichend.

gemäß findet sich immer wieder ein Verwendungszweck für gute Gartenerde. Einen Teil der Erde wird man überdies brauchen, um die fertige Mauer mit dem dahinterliegenden Hügel zu verbinden, also um vorhandene Lücken mit Erde zu verschließen.

Auch zur Herstellung eines Pflanzsubstrates für die Mauerfugen kann ein Teil der Erde verwendet werden.

Was ist ein „Anlauf"?

Im Gegensatz zu einer gewöhnlichen, mit Mörtel gebauten Mauer wird eine Trockenmauer niemals lotrecht, also senkrecht, aufgesetzt. Sie besitzt stets eine **sanfte Neigung zum Hang** hin. Diese Neigung, die in der Regel zwischen 5 bis 20 % beträgt, nennt man auch „Anlauf" oder „Dossierung". Sie trägt wesentlich zur Stabilität und Haltbarkeit der Mauer bei.

2. ARBEITSSCHRITT: EIN „BETT" FÜR DIE MAUER

Eine Mauer am Hang muss neben dem Erddruck vor allem auch dem Druck von abfließendem Regenwasser standhalten, daher benötigt sie ein „Bett" sowie eine Hinterfütterung aus Kies, Splitt, Bauschutt oder Schotter. Solch ein Kies- oder Schuttbett wird auch als **Drainage** bezeichnet, da in ihm Wasser abfließen und im Erdreich versickern kann. Es sorgt dafür, dass die Konstruktion der Mauer stabil bleibt und verhindert Schäden durch gefrierendes Stauwasser.

Für das Kies- oder Schuttbett wird in der gesamten Länge der Mauer eine rund 10–20 cm **dicke Schicht aus Kies, Splitt oder Schotter** benötigt. Man kann hier einen entsprechenden Graben ausheben. Dieser sollte in seiner Breite bis mindestens 5 cm vor die Vorderkante der Mauer reichen.

Es ist darauf zu achten, dass der Untergrund glatt und eben ist. Steine und Wurzeln sind gründlich zu entfernen, unter Umständen muss der Erdboden nach dem Aushub nochmals gut festgestampft werden.

Bei einem gewachsenen und dementsprechend gut verfestigten Erdreich sowie einer gemäßigten Höhe der Mauer von maximal 70 cm Endhöhe darf der Graben auch etwas flacher ausfallen. Es ist nicht zu erwarten, dass der Boden noch groß arbeitet. Die Drainage unter der ersten Steinreihe dient vor allem dazu, dass Hangwasser unter den Steinen abfließen kann und die auf den Boden gesetzten Steine im beweglichen Bett gerade ausgerichtet werden können. Rund 5–10 cm sollte diese Schicht jedoch mindestens betragen, damit die Beständigkeit der Mauerkonstruktion gewährleistet ist.

Ist der abzustützende Hang jedoch sehr umfangreich oder fließt gar Wasser aus anderen Bereichen durch diesen Gartenteil hindurch, so sollte an der Drainage, sowohl unter der Mauer als auch dahinter, nicht gespart werden.

HINWEIS! Merke

Je höher und mächtiger der abzustützende Hang, desto breiter und tiefer sollte die Drainage ausfallen!

Je nach Größe der Steine wird ein 40–70 cm breiter Graben entlang des angeschnittenen Hanges und gemäß dem späteren Verlauf der Mauer ausgehoben.

HINWEIS! Schnur spannen

Besteht man auf eine schnurgerade Ausrichtung der Mauerkante, ist es ratsam, sich während des Aushubs an einer Schnur zu orientieren, die man entlang der geplanten Vorderkante mit Hilfe eines Schnurgerüstes gespannt hat.

Der Abstand **der Mauer zum Hang** beträgt etwa 20–30 cm. Diese „Lücke“ zwischen Mauer und Erdreich wird während des Aufsetzens der Mauer mit **Drainagematerial** hinterfüllt. Auch kleinere Steine, egal welcher Art, können zum Auffüllen verwendet werden!

Sind **Wurzelunkräuter** vorhanden, empfiehlt sich das Verlegen eines speziellen Unkrautvlieses (Geovlies), welches rund 5 cm vor der Vorderkante der späteren Mauer noch unter der Drainageschicht verlegt wird und dann senkrecht entlang des Hanganschnittes hochgezogen wird. Dadurch wird verhindert, dass vorhandenes Unkraut vom Hang her in das Mauerwerk hineinwachsen kann.

Ein etwa 2 m breites wasserdurchlässiges Vlies wird in der Länge der Mauer entlang des Hangs verlegt, mit Drainagematerial beschwert und über den Hang nach oben gezogen.

Der mit Unkrautvlies ausgelegte Graben wurde mit feinem Splitt aufgefüllt.

Berechnungsformel für Kies/Splitt

Kies oder Splitt wird in Kubikmetern verkauft. Die benötigte Menge hängt auch davon ab, wie tief und breit das Fundament ist sowie vom Abstand der Mauer zum Hanganschnitt und davon, ob man für die Hinterfüllung Bauschutt oder kleinere Bruchsteine mit verwenden möchte.

Um eine ungefähre Vorstellung der benötigten Menge an Kies zu haben, kann nach folgender Formel berechnet werden:

Mauerhöhe x Mauerlänge x 0,4

Rechenbeispiel:
Für eine 5 m lange und 70 cm hohe Mauer am Hang ergibt sich folgende Rechnung:

$$5 \times 0{,}7 \times 0{,}4 = 1{,}4$$

Es werden demnach etwa 1,4 m^3 Kies oder Splitt benötigt!

Kies oder Splitt bekommt man bei jedem Baustoffhändler. Wie schon bei den Steinen gilt auch beim Kies oder Splitt, dass man besser großzügig ordert, da eine Nachbestellung unnötige Transportkosten verursacht.

Im Garten gesammelte Steine, Bauschutt oder Tonscherben können ebenfalls mit in die Drainage hinter der Mauer gefüllt werden.

3. ARBEITSSCHRITT: STEINE NACH FORM UND FUNKTION SORTIEREN

Vorsortierte Steine nach Größe und Form erleichtern den Mauerbau.

Aller Anfang ist schwer: Die ersten Steine werden zueinander passend in den Splitt gelegt.

Die Steine lagern bereits vor Ort im Garten? Dann können diese in der Nähe der Baustelle nach Form und Größe schon ein wenig vorsortiert werden.

Die unterschiedlichen Bereiche der Trockenmauer verlangen nach ganz bestimmten Steinformen. Wie in einem Puzzle werden passende Steine in das Bauwerk eingefügt und leisten, jeder für sich, ihren Beitrag zur Funktionalität und Schönheit der Mauer.

Wer erst noch in einem Steinbruch von einem losen Steinhaufen selber sammeln möchte, der hat es selbst in der Hand, alle benötigten Steinformen zu berücksichtigen, damit vom Fuß bis zur Krone der Mauer ein abwechslungsreiches Steinesortiment vorhanden ist.

Die erste Steinreihe

Für die unterste Steinreihe werden, da auf ihr das Gewicht der gesamten Mauer ruht, in der Regel **großflächige und schwere** Steine verwendet. Sie sollten wenigstens eine, besser zwei schöne gleichmäßige Seiten haben, welche beim Verlegen nach vorne und oben zeigen. Die Unterseite darf ruhig etwas unebener sein, da sie zum Teil im Kies- oder Schotterbeet versenkt wird.

Falls größere Felsblöcke in der Steinlieferung vorhanden sind, können diese eben falls am ehesten in diese erste Mauerreihe eingefügt werden, ebenfalls mit zwei schönen glatten Seiten, damit die Front der Mauer einerseits ein schönes Aussehen erhält, andererseits die nächste Steinreihe möglichst bündig aufgesetzt werden kann.

Ecksteine

Eher größere Steine mit z**wei schönen Ansichtsflächen** in einem **Winkel von etwa 90°** werden für die Enden der Mauer benötigt. Die Anzahl richtet sich nach der Höhe der Trockenmauer. Auch spitz zulaufende Steine in einer dreieckigen Form können für die Mauerenden eingebaut werden, wenn die Mauer in der Höhe abfallend schräg auslaufen soll.

Binder- oder Ankersteine

Zur **Verankerung der Mauer mit dem dahinter liegenden Erdreich** werden große, lange Steine eingesetzt. Man nennt sie „Binder" oder auch „Anker". Von ihnen wird nur eines der kurzen Enden sichtbar, da sie quer zur Mauer gesetzt werden und mit dem anderen Ende nicht selten bis ins Erdreich des Hanges hinein reichen. Optimal wäre ein „Binder" pro Meter, in jeder Reihe versetzt zum jeweils darunter liegenden „Ankerstein".

Leider konnten wir solche Ankersteine nicht verwenden, da wir großen Wert auf die Verdrängung von Wurzelwildkräutern legten und daher ein Vlies die Verbindung zum Erdreich unterbunden hat. Als Ausgleich zu diesen Ankersteinen haben wir mehrere sehr große Steine beim Bau mitverwendet, um die Stabilität der Mauer zu gewährleisten.

Decksteine

Als Abschluss der Trockenmauer werden **große, flache Steine** benötigt. Plattenförmig bilden sie die letzte Steinreihe und verbinden sich gleichzeitig mit dem Erdreich des abzustützenden Hanges. Sie sollten daher

Längere Steine sorgen für eine gute Verankerung, sie dürfen sogar bis in das Erdreich des Hangs hineinreichen!

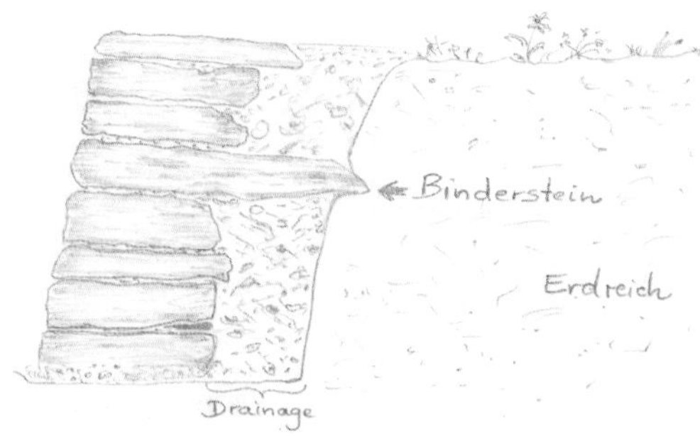

Bindersteine dienen zur Verankerung der Mauer im Erdreich.

über wenigstens **eine schöne, ebene Seite** verfügen, die selbstverständlich nach oben zeigt.

Das ist wichtig für eine ansprechende Optik sowie aus rein funktionalen Gründen, falls man die Mauer auch als Sitz- oder Abstellfläche nutzen möchte. Auch stellt ein solider Abschluss einen Schutz für das darunter liegende Mauerwerk dar.

Das „normale" Mauerwerk

Man kann Trockenmauern sowohl aus blockförmigen Steinen als auch aus schmalen, länglichen Steinen bauen. Gerade Anfänger tun sich mit flachen, länglichen Steinen leichter, so dass man diese für die erste

Es hilft nichts, man muss die Steine immer wieder in die Hand nehmen, um zu sehen, ob sie passen. Nur Übung macht den Meister!

Mauer empfehlen kann. Wer sich jedoch ein wenig in die Materie hineindenkt und einarbeitet, schafft es unter Umständen auch mit größeren und auch sehr unregelmäßig geformten Steinen, eine ansprechende Trockenmauer zu errichten. Wichtig ist es, eine **möglichst große Auswahl an verschiedenen Steinformen** zu haben, so kommt man mit dem Aufschichten meist gut voran. Eine gute Wahl sind immer Steine mit einer schönen glatten Ansichtsfläche sowie halbwegs flachen Ober- und Unterseiten.

Steine zum Verkeilen und zum Füllen von Lücken

Kleinere Steine in vielen verschiedenen Formen werden benötigt, um wackelige Steine zu fixieren oder Lücken in der Mauer aufzufüllen. Besonders nützlich für diesen Zweck sind Steine in Form einer Musikkassette oder eines Keiles.

Wenn man Steine selbst von einem Haufen sammelt, sollte man also diese kleinen Lückenfüller in einer größeren Anzahl mitnehmen!

4. ARBEITSSCHRITT: DAS SETZEN DER ERSTEN STEINREIHE

Nachdem das Drainagematerial (Kies, Splitt oder Schotter) in die ausgehobene Vertiefung gefüllt, etwaige Unebenheiten ausgeglichen und die Drainage ein wenig festgestampft wurde, geht es nun an das Setzen der ersten Steine.

In aller Regel werden die schwersten und größten Steine mit ihrer ebenen Seite nach oben in das Kiesbett gelegt.

Falls nicht ausreichend viele gleich große Steine vorhanden sind, können alternativ auch nur einzelne sehr große Steine in regelmäßigen Abständen auf die Drainage gesetzt werden. Dazwischen wird dann mit mittelgroßen Steinen ergänzt, so dass am Ende ein **harmonisches Zusammenspiel von großen, mittleren und kleinen Steinen** entsteht.

Die Oberflächen der verlegten Steine sollten sich ganz leicht nach hinten, also in Richtung des Hanges neigen und zwar in etwa dem gleichen Winkel, in dem auch der Anschnitt des Erdhügels erfolgt ist (siehe S. 54). Hierdurch wird gewährleistet, dass die gesamte Mauerkonstruktion eine leichte Neigung zum Hang erhält.

Per Hand oder bei den ganz großen Steinbrocken auch mit Hilfe von Brechelsen und Maurerhammer werden die Steine in Position gebracht. Je nach ihrer Größe wird man sie mehr oder weniger tief im Drainagebett versenken, bis sie schließlich, dicht an dicht aneinander gesetzt, einen möglichst ebenmäßigen Steinsockel ergeben, der den nun folgenden Steinreihen die nötige Stabilität verleiht.

HINWEIS! Gute Basis

Die ganz unten verlegten Steine bilden somit die Grundlage für eine standfeste und haltbare Mauer.

Diese „Sockelsteine“ können auch zu einem Teil unterhalb des angrenzenden Erdniveaus liegen, je nachdem, wie tief der Graben für die Drainage ausgehoben wurde, so dass sie nur zu einem Teil aus dem Boden herausragen, was der gesamten Trockenmauer zusätzliche Stabilität verleiht. Gerade bei höheren Mauern, etwa ab 80 cm, sollte man ein tieferes Drainagebett zugrunde legen und die Drainage nicht ganz bis zum Erdniveau auffüllen. Das erhöht die Stabilität der gesamten Mauerkonstruktion!

HINWEIS! Sorgfältig arbeiten

Die erste Steinreihe sollte mit großer Sorgfalt gesetzt werden, da die Position der Steine später nicht mehr verändert werden kann!

Wie lassen sich „schwere Brocken“ am einfachsten bewegen?

Fehlt einem die Kraft, um diese schwersten und größten Steine der Mauer alleine zu heben, sollte man sich nicht scheuen, um Hilfe zu bitten. Daneben gibt es einige „Tricks“, mit denen sich die Steine mit geringerem Kraftaufwand von der Stelle bewegen lassen.

Kleine **tragbare Handwinden** etwa können hier gute Dienste leisten und den Stein

Für das Setzen der ersten Steine sollte man sich unbedingt ausreichend Zeit nehmen.

auf untergelegten Brettern durch Kurbeln vorwärts bewegen. Hierbei ist die Hilfe einer zweiten Person zwingend erforderlich.

Einfacher geht es mit Hilfe einer **Eisenstange**, die man mit einem kräftigen Seil am Stein festbindet. Durch die Hebelwirkung kann der Stein so viel müheloser und mit weniger Kraftaufwand bewegt werden.

Hochrollen über ein **schräg gestelltes Brett** zu höher gelegenen Steinreihen ist unter Umständen ebenfalls einfacher, als den Stein anzuheben.

Hilfreichn beim Bewegen schwerer Steine sind auch **Sackkarren** (siehe S. 45).

WICHTIG! Verletzungsfreies Arbeiten mit Steinen

- Vor der Arbeit mit Steinen immer etwas aufwärmen, etwa durch Dehnübungen oder Gymnastik!
- Steine niemals mit krummem Rücken anheben!
- Mit geradem Rücken in die Hocke gehen und mit der Kraft der Beine heben!
- Am Anfang nur kurze Arbeitsphasen einplanen, damit sich der Körper an die Belastung gewöhnen kann!

Lebensraum für wild lebende Tiere

Ambitionierte Naturgärtner werden schon bei Baubeginn daran denken, für frei lebende Tiere **Nist- oder Einschlupfmöglichkeiten** in die Mauer einzuarbeiten. Einige Lücken im Mauerwerk könnten beispielsweise auch

Für Wildtiere wie Igel, Mäuse oder Kröten ist ein Hohlraum hinter der Trockenmauer gut erreichbar.

bewusst offen gelassen werden, damit Tiere wie Wiesel, Igel, Amphibien oder Insekten einen Eingang zu dahinter liegenden Hohlräumen finden.

Flache Platten (z. B. einfache Gehwegplatten aus Beton u. a.) eignen sich besonders gut, um im Bereich zwischen Mauer und Erdreich Höhlen und Spalten entstehen zu lassen. Der Fantasie sind hierbei keinerlei Grenzen gesetzt, nur darf man es mit seiner „Tierliebe" auf keinen Fall derart übertreiben, dass die Mauer durch zu viele Lücken und Hohlräume instabil werden könnte. Ob Sie nun Igel, Amphibien oder Insekten fördern möchten, die Angebote für die Tiere des Gartens sollten in jedem Fall gut geplant und vorbereitet werden.

Was beim Einbau alles zu beachten ist, erfahren Sie ab S. 77.

HINWEIS! Nisthilfen einplanen

Schon jetzt an den Einbau von Nisthilfen für tierische Gartenbewohner denken! (Siehe hierzu ab S. 78)

5. ARBEITSSCHRITT: DIE WEITEREN STEINREIHEN

Manchmal baut man auch wieder rückwärts, wenn einem das Werk nicht gefällt, bis die Mauer endlich den Vorstellungen entspricht.

Nun beginnt der eigentliche Aufbau der Trockenmauer, indem man aus den vorsortierten Steinen den jeweils passenden heraussucht, dreht und wendet, bis er sich, gleich einem Puzzle, harmonisch in die Mauer einfügen lässt.

Spätestens jetzt wird man feststellen, dass es sich hierbei tatsächlich um wahre „Kunst am Stein" handelt und dass neben rein handwerklichen Fähigkeiten vor allem auch Kreativität gefragt ist.

Der „Steinkünstler" entwickelt schnell ein Gefühl für die natürliche Form der Steine, sieht ihnen meist schon von weitem an, ob sie in die vorhandene Lücke passen oder welche ihrer Seiten die beste Ansichtsfläche aufweist. Er hat nun Stunde für Stunde und Tag für Tag die Gelegenheit, seine Arbeitsweise zu perfektionieren.

Die Arbeit an der Trockenmauer kann rasch zu einer fast schon meditativen Aufgabe werden. Sie entpuppt sich als ein enorm kreativer Prozess, während dem man wun-

Welcher tierische Gast hat sich denn hier an der Baustelle eingefunden? Es ist wohl eher kein Mauerbewohner, aber mit Sicherheit ein begeisterter Fan unserer Arbeit.

derbar abschalten und die Welt um sich herum vergessen kann.

Jede Mauer ein Unikat

Individuelle Lösungen sind beim Trockenmauerbau kein bloßer Notbehelf, sondern ausdrücklich erwünscht!

Sofern die Statik nicht gefährdet ist, können – falls vorhanden – auch einzelne größere Gesteinsbrocken in das Mauerwerk integriert werden. Die schönsten Mauern sind nicht unbedingt immer die tadellos und nach einer einheitlichen Norm aufgebauten. Mitunter kann auch die Verwendung unterschiedlicher Gesteinsarten reizvoll sein.

Es spricht absolut nichts dagegen, einer Trockenmauer den eigenen Stempel aufzudrücken. Erlaubt ist, was gefällt.

Kunstvolles Mauerwerk

Um eine künstlerisch ansprechende Trockenmauer zu bauen, sind vor allem die Ansichtsflächen der Mauersteine von Wichtigkeit. Sie sollten so glatt und eben wie möglich sein und mit angrenzenden „Steinnachbarn" harmonieren.

Durch häufiges Zurücktreten und Begutachten der eigenen Arbeit lassen sich „Baufehler" meist sofort beheben. Im Zweifel probiert man einen anderen Stein, der besser passt.

Zur Erhöhung der Standfestigkeit werden im unteren Bereich der Mauer die größten und schwersten Steine verwendet. Dadurch fällt es auch leichter, **die Mauer nach oben hin zum Hang zu neigen**, da die Steine schon automatisch zu einer **Verjüngung der Mauerbreite** führen.

Warum nicht auch einige größere Steinbrocken sowie Niststeine in das Mauerwerk integrieren?

Eine Ausnahme bilden die Decksteine (siehe S. 71), die man sich in ausreichender Anzahl schon rechtzeitig zur Seite gelegt haben sollte.

Gelegentliche „Ausrutscher" in Form von einzelnen größeren Felsbrocken sind auch in höheren Mauerbereichen möglich, sofern die Statik der Mauer nicht gefährdet wird.

In regelmäßigen Abständen werden so genannte **Binder** eingesetzt. Diese besonders langen Steine werden quer zur Mauer gesetzt und enden nicht selten im Erdreich des abzustützenden Hanges.

Weiterhin, wie schon bei der ersten Steinreihe geschehen, werden alle Steinoberflächen nach Möglichkeit mit einer leichten Neigung zum Hang hin ausgerichtet.

Dieser so genannte Anlauf oder die „Dossierung" beträgt je nach Höhe und Stärke der Trockenmauer zwischen 5 und 20 %.

Wichtig ist, dass sich die gesamte Mauer leicht zum Hang hin neigt und anschmiegt, was für die Statik der Mauer von großer Bedeutung ist. Dies sollte zwischendurch immer wieder kontrolliert werden, zum Beispiel mit Hilfe einer Wasserwaage, aber immer auch mit Augenmaß.

Während des Aufsetzens der Steine wird permanent **Drainagematerial** in den Zwischenraum hinter der Mauer gefüllt. Auch einige Bruchsteine können hierbei mit verwendet werden und führen meist automatisch dazu, dass sich zwischen ihnen Hohlräume bilden, die im Rahmen des Natur- und Artenschutzes ganz besonders erwünscht sind.

Kreuzfugen sollten nach Möglichkeit vermieden werden! Sie könnten die gesamte Konstruktion der Trockenmauer schwächen. Die Fugen sollten daher nach Möglichkeit immer versetzt angeordnet werden (= **Stoßfugen**).

Während des Aufbaus einer Stützmauer wird permanent Drainagematerial in den Zwischenraum von Mauer und Hang gefüllt.

Optimal für einen Eckstein sind mindestens drei glatte Seiten: vorne, seitlich und oben.

WICHTIG! Achtung!

Damit kletternde Kinder nicht gefährdet werden, sollte darauf geachtet werden, dass die Eckkonstruktion einer Trockenmauer außerordentlich sicher und stabil ist, Ecksteine also besonders gut eingepasst werden.

Heikel sind oft die Mauerenden. Hier wären Steine mit zwei Ansichtsflächen im Winkel von 90° ideal, also je eine für die Vorderseite der Mauer und eine für die Seite. Doch ist gerade diese Steinform eher selten vorzufinden.

Die **Ecksteine** werden, obwohl sie das Ende bzw. den Anfang der Reihe bilden, bereits gesetzt, wenn die Steinreihe noch unvollständig ist. Man baut die Reihe also unter Umständen **von außen nach innen** zu Ende. Dies soll gewährleisten, dass der ausgesuchte Stein in jedem Fall optimal als Eckstein eingesetzt werden kann. Nachbarsteine werden an ihn angepasst und nicht umgekehrt!

Noch ein wenig komplizierter wird es bei zum Ende hin flach auslaufenden Mauern. Hier werden ganz spezielle Steinformen benötigt, damit eine gleichmäßige Schräge entstehen kann, ohne die Stabilität der Mauer zu gefährden. Ein nicht immer leichtes Unterfangen, so dass viel Geduld und Fingerspitzengefühl beim Trockenmaurer gefragt sind.

Pflanzen einsetzen: Schon beim Aufbau oder erst später?

Der richtige Zeitpunkt zum Einsetzen von Pflanzen (Pflanzenauswahl siehe ab S. 116) in die Trockenmauer wird im Allgemeinen sehr kontrovers diskutiert. Sollte man die dekorativen pflanzlichen Felsbewohner schon während des Mauerbaus einsetzen oder erst hinterher, wenn die Mauer vollendet ist?

Eine allzu strenge Vorgabe scheint hierbei jedoch hinfällig, da beides gleichermaßen möglich ist.

Hat man große Pflanzen mit gut entwickelten Wurzelballen bereits gekauft, so ist ein Einsetzen schon während des Aufbaus empfehlenswert, da man die Pflanze hierbei bequemer in eine Lücke setzen und mit Pflanzerde versorgen kann, als wenn man sie hinterher von außen in einen Hohlraum mehr oder weniger gewaltvoll „hineinquetschen" müsste.

Möchte man die gut entwickelte Pflanze in eine vorhandene Lücke pflanzen, so ist hierbei vor allem wichtig, dass die Lücke hinter der Mauer bis zur Höhe der Pflanzstelle mit Drainagematerial aufgefüllt wurde, damit die ausgebreiteten Wurzeln der Pflanze darauf zum Erdhang hin ausgelegt werden können.

Als Unterlage kann zuvor ein Stück wasserdurchlässiges Vlies auf dem Drainagematerial ausgelegt werden, um zu verhindern, dass über die Wurzeln gegebene Pflanzerde ausgespült wird.

Um die Pflanze vor Wind und Sonne zu schützen, sollte sie tief in den Mauerspalt hinein gesetzt werden.

Nun werden einige Liter guten Pflanzsubstrates (siehe S. 156) auf die Wurzeln gegeben. Das Substrat sollte so reichlich verteilt werden, dass die Pflanze nach dem Anwachsen mit ihren Wurzeln problemlos bis in das gewachsene Erdreich des Hanges vordringen kann.

Es spricht auch nichts dagegen, während des weiteren Aufschichtens von Steinen gelegentlich etwas Pflanzsubstrat in vorhandene Lücken zu geben und gut festzudrücken.

Als Gegenargument wird hier oft die Notwendigkeit einer „knirschenden", also möglichst lückenlosen Bauweise der Trockenmauer genannt, bei der die Steine dichten (= knirschenden) Kontakt haben. Dadurch wird einer Trockenmauerkonstruktion im Allgemeinen eine größere Stabilität verliehen.

Jedoch wird dieses Argument schnell dadurch entkräftet, dass man es im Privatgarten doch mit eher niedrigeren Trockenmauern zu tun hat, deren Stützfunktion nicht bis aufs Äußerste überstrapaziert werden muss und die auch nicht unbedingt mehrere hundert Jahre alt werden müssen. So kann der (sparsame) Gebrauch von Erde an einigen Stellen der Trockenmauer in den allermeisten Fällen toleriert werden und führt zu einer schnelleren Besiedlung mit Pflanzen, was in den meisten Fällen erwünscht ist.

Pflanzen mit größeren Wurzelballen werden schon beim Bau der Mauer in Lücken gesetzt.

Pflanzen können auch noch nach der Fertigstellung in vorhandene Mauerritzen gesetzt werden. Vor allem Sukkulenten wie Hauswurze benötigen nur wenig Substrat zum Anwurzeln.

Doch dann tritt ein, wovor sich jeder Trockenmaurer fürchtet: Nicht ein einziger Stein scheint in die vorhandene Lücke zu passen. Dann hilft nur noch eins: Wir machen uns die Steine passend!

Steinbearbeitung
Während des Aufbaus der Trockenmauer kann es vorkommen, dass man scheinbar in einer Sackgasse angekommen ist. Kein einziger Stein will in die vorhandene Lücke passen. Zwar sollte man die Steinmenge niemals zu knapp bemessen und lieber einige mehr besorgen, als man benötigt, doch gibt es immer auch die Möglichkeit, einen Stein mit Hammer und Meißel zu bearbeiten. Vor allem Steine mit einer homogenen Struktur, wie Sandstein und Kalkstein, lassen sich in der Regel sehr gut spalten und behauen.

WICHTIG! Augen schützen

Bei der Steinbearbeitung immer eine Schutzbrille tragen!

Will man einen vorhandenen Bruchstein teilen, wird der Meißel aufgesetzt und mit dem Hammer angetrieben.

Mit zunächst noch verhaltener Kraft wird der Stein entlang einer gedachten Linie angeschlagen. Bedingt durch die Schichtenbildung bei einigen Natursteinarten kommt es leider nicht selten vor, dass der Stein recht schnell auseinanderfällt. Mit zunehmender Erfahrung sieht man einem Stein jedoch recht gut an, ob man ihn entlang einer gewünschten Linie spalten wird können oder nicht.

Je weicher der Stein ist, desto breiter darf auch die Schneide des Meißels sein. Der Hammer sollte vom Gewicht her der Kraft des Benutzers entsprechen, demnach nicht zu leicht, jedoch gut und sicher zu führen sein.

Um bequem und anatomisch sinnvoll arbeiten zu können, wäre es am günstigsten, den Stein auf einer erhöhten Ablage zu positionieren.

Natürlich kann ein Stein auch nur mit dem bloßen Hammer bearbeitet werden. Vor allem an überstehenden Ecken oder „Nasen“ kann vorsichtig von oben nach unten auf den Stein geschlagen werden, bis sich Bruchstücke des Steines ablösen.

TIPP! Gestaltung

Meißelt man in einen Eckstein der Mauerkrone eine Vertiefung hinein, so ergibt dies eine dekorative Vogeltränke!

Stabilisieren und Ausgleichen

Anders als beim Mauern mit vorgefertigten Steinen, wie etwa mit Tonziegeln oder behauenen Natursteinen, entstehen beim Aufschichten von Bruchsteinen immer zahlreiche mehr oder weniger große Fugen oder gar Lücken im Mauerwerk, was ja nicht selten auch den besonderen Reiz einer trocken aufgesetzten Natursteinmauer ausmacht.

Dennoch ist es, nicht nur aus optischen Gründen, wichtig, dass diese **Fugen möglichst klein gehalten** werden. Auch aus Gründen der Stabilität ist es sinnvoller, lieber mal hier und da bewusst eine größere Lücke frei zu lassen, als dass sich breite Fugen über das gesamte Mauerwerk verteilen und die Mauer dadurch eher wie ein lieblos aufgestapelter Steinhaufen aussieht und weniger wie ein den Garten verschönerndes „Kunstwerk aus Stein“.

Jeder verbaute Stein hat seine ganz individuelle Form und in Bezug auf die einzelnen Steinreihen vor allem auch unterschiedliche Höhe, so dass nicht immer alles nahtlos ineinander passen wird. Wacklige Steine etwa können durch das **Unterlegen von schmalen Steinkeilen** stabilisiert werden. Oder es bilden zwei flache Steine, übereinander gelegt, den Nachbar zu einem hohen und dickeren Stein.

Improvisationstalent ist hier ganz besonders gefragt, um Lücken zu schließen, Höhen auszugleichen oder bewegliches Mauerwerk zu fixieren.

Die Fertigstellung der Stützmauer am Hang nähert sich ihrem Ende!

DER „KRÖNENDE“ ABSCHLUSS: DIE LETZTE STEINREIHE

Sobald die Endhöhe der Stützmauer erreicht ist, fehlt ihr noch ihre Vollendung in Form eines attraktiven Abschlusses.

Bei der Gestaltung der **Mauerkrone** gibt es grundsätzlich zwei mögliche Alternativen.

Möglichkeit 1

Diese besteht aus einem **steinernen „Dach“ der Mauer**. Hierfür hat man große flache Decksteine bereits in ausreichender Anzahl zur Seite gelegt.

Oder man verzichtet vollständig auf eine solide Abdeckung des Mauerwerks mit großen Steinen, legt den Schwerpunkt auf eine dekorative Bepflanzung und setzt stattdessen entsprechende Pflanzen ein (Pflanzen für die Mauerkrone ab S. 144).

Hat man sich dazu entschieden, die Trockenmauer mit großen, flachen Decksteinen zu „krönen“, wird zunächst der Zwischenraum von Mauer und Erdhang mit Drainagematerial komplett aufgefüllt.

Beim exakten Ausrichten der Decksteine kann es notwendig werden, kleinere Steine unterzulegen, damit die Abdeckung gut in der Waage und ohne zu wackeln auf dem Mauerwerk aufliegt.

Für einen optisch schönen und ebenmäßigen Mauerabschluss darf auch etwas Erde zum Ausgleich von Höhen oder Unebenheiten verwendet werden, vor allem auch, um die Platten lückenlos mit dem dahinter liegenden Erdreich zu verbinden.

Da diese letzte Steinreihe gerne auch als Ablagefläche für dekorative Pflanzkübel oder gar als Sitzbank verwendet wird, kann hier auf die Neigung der Steine zum Hang hin überwiegend verzichtet werden. Die steinernen Abdeckplatten können also nahezu waagerecht aufgelegt werden. Ein minimaler Anlauf (= Neigung) sorgt jedoch dafür, dass Regenwasser von den Steinen abfließen kann. Außerdem sollte hier nichts wackeln und auch keine allzu großen Lücken zwischen den Abdecksteinen vorhanden sein.

Möglichkeit 2

Als zweite Möglichkeit ist alternativ zu einer Abdeckung mit flachen Steinplatten auch ein **offener Abschluss** der Mauer denkbar. Vor allem, wenn das Hauptaugenmerk auf eine Besiedlung der Mauer mit Pflanzen gelegt wird, kann die Mauerkrone aus einer betont lückigen letzten Steinreihe bestehen. Siehe hierzu auch ab S. 85 im Kapitel über den doppelwandigen frei stehenden Trockenmauerwall.

In die breiten Fugen wird ausreichend Pflanzerde gefüllt. Bequem können die Pflanzen nun eingesät oder direkt in die Lücken gepflanzt werden. Sie bescheren der Mauer bald eine grünende und blühende „Krone“.

Die Abdeckplatten der Trockenmauer sollten waagrecht aufgelegt werden. Sie werden mit guter Erde mit dem dahinter liegenden Hang verbunden.

DIE TROCKENMAUER ALS WERTVOLLER BEITRAG ZUM NATUR- UND ARTENSCHUTZ

Trockenmauern prägten schon seit Jahrhunderten bäuerliche Landschaften in vielen Teilen der Welt. Mit ihrer natürlichen Ausstrahlung und der vollendeten Ästhetik passten sie sich ihrer Umwelt nahezu perfekt an. Das Vorhandensein von Trockenmauern zeugte immer auch von der Arbeit und Bewirtschaftung der Landschaft durch den Menschen.

Doch was unsere Vorfahren kaum beachtet haben dürften, war der damals wie heute hohe ökologische Stellenwert, den jede trocken aufgeschichtete Mauer innehat. Im wahrsten Sinne des Wortes spielt sich gerade im Inneren solch einer Mauer aus Stein ab, was moderne Umweltschützer als Natur-, Arten- oder Biotopschutz beschreiben würden.

Bewohner von felsigen Standorten fanden hier seit jeher ideale Rückzugsgebiete. So mauserten sich die Natursteinmauern – von unseren Vorfahren jedoch meist gänzlich unbemerkt – zu kostbaren und seltenen Biotopen.

UTOPIE ODER REALITÄT? AKTIVER NATURSCHUTZ IN HEUTIGER ZEIT

Was hat sich im Bewusstsein der Menschen von heute in ihrer Einstellung zu Umwelt und Natur im Vergleich zu unseren Vorfahren verändert? Oder anders gefragt, hat sich überhaupt etwas geändert?

In Zeiten der vielerorts sichtbaren Umweltzerstörung und Vernichtung natürlicher Lebensräume betrachtet der aufgeklärte Naturfreund von heute eine Trockenmauer wohl mit anderen Augen, als es der Landwirt vor 100 Jahren vermutlich getan hat.

Wurde die Trockenmauer zunächst als rein praktisches Element in der Gestaltung von Weinbergen, Hanggrundstücken oder zur Abgrenzung von Weiden verwendet, möchte der Trockenmaurer von heute gleich mehrere Aspekte miteinander verbinden, also das Nützliche, Zweckmäßige mit dem Schönen und **das Schöne** wiederum mit einem **Nutzen auch für die Tier- und Pflanzenwelt**. Was man sich ebenfalls fragen wird, ist, wer diese Naturschützer sind und vor allem, wie viele von ihnen es heute gibt. Sind es am Ende immer nur Einzelne, die sich Gedanken über den Erhalt einer intakten und für folgende Generationen weiterhin lebenswerten Umwelt machen?

In Bezug auf alte wie auch neu errichtete Trockenmauern stellt sich die Frage, ob diese heute eine Chance haben, sich dauerhaft und in größerer Anzahl in Garten, Park und Landschaft zu etablieren? Die Antwort dazu kann nur jeder Einzelne von uns geben, indem er oder sie sich beispielsweise für den Bau von Trockenmauern interessiert, diese erhält oder neu errichtet und voller Begeisterung auch andere für diese Idee entflammt.

TROCKENMAUERN IM ÖFFENTLICHEN GRÜN?

Glücklicherweise scheint sich der Umweltgedanke neuerdings, wenn auch immer noch sehr vereinzelt, bis hinein in einige städtische Grünflächenämter herumgesprochen zu haben. So kommt es wieder häufiger vor, dass bei der Neuanlage von öffentlich zugänglichen Parks und Grünanlagen auch **naturnahe Gestaltungen**, u. a. durch die **Verwendung von Naturstein**, angestrebt und in die Realität umgesetzt werden. Das ist natürlich ganz besonders erfreulich, da nicht jeder Mitbürger über einen eigenen Garten verfügt und daher bei der Gestaltung seiner Freizeit auch auf Naherholungsgebiete angewiesen ist.

Vor allem Kinder begeistern sich ungleich mehr für lebendige Lebensräume, in denen vielfältige Naturbeobachtungen möglich sind und können hierbei wertvolles Ver-

ständnis für natürliche Zusammenhänge erlangen.

TIPP! Erlebbarer Naturschutz

Die Gestaltung mit Trockenmauern wäre hier eine von vielen Möglichkeiten, erlebbaren Naturschutz für jedermann zugänglich zu machen und daneben auch ein wichtiges Stück Kulturgut wieder aufleben zu lassen.

Praktisch und intensiv gelebter Naturschutz ist natürlich eine vollkommen freiwillige Angelegenheit. Die Begeisterung für Themen des Natur- und Umweltschutzes kann nur um sich greifen oder nachfolgenden Generationen übermittelt werden, wenn aus einer inneren Überzeugung heraus gehandelt wird!

Bleibt zu hoffen, dass möglichst viele von uns als Botschafter für Tiere und Pflanzen auftreten, um andere Menschen von der guten „Natur"-Sache zu überzeugen.

Und was könnte schon überzeugender sein als eine traumhaft schöne und selbst gebaute Trockenmauer im eigenen Garten, die sowohl optischen als auch die Natur fördernden Ansprüchen gerecht wird?

TIERISCH GUT: DIE MAUER WIRD BESIEDELT!

Die natürlichste Art und Weise der Besiedlung einer Trockenmauer mit Tieren wäre vermutlich, gar nichts zu tun und einfach abzuwarten, was sich nach Fertigstellung der Mauer von alleine dort einfindet und ansiedelt.

Doch ist Stein bekanntlich mehr als geduldig und so kann dieser natürliche Besiedlungsprozess unter Umständen die Geduld von interessierten Naturfreunden überstrapazieren. Das wäre doch mehr als schade.

Es darf also ruhig **ein wenig nachgeholfen** werden, wenn es darum geht, die Trockenmauer für die heimische Tierwelt attraktiv zu machen. Gerade auch Kindern fehlt es – verständlicherweise – an der nötigen Ausdauer und sie möchten am liebsten sofort etwas sehen und erleben können.

Werfen wir nun einen Blick hinter die „Kulissen" des Lebensraums Trockenmauer! Mit welchen tierischen „Felsenbewohnern" dürfen wir an oder in der Mauer rechnen?

Die Mauer wird von vielen Wildtieren als Lebensraum genutzt, sogar Kröten oder Gehäuseschnecken verstecken sich tagsüber in beschatteten Mauerbereichen.

Mögliche Bewohner einer Trockenmauer

Tierart	Nutzung der Trockenmauer als	Vorkommen
Vögel:		
Garten- und Hausrotschwanz, Kohl- und Blaumeise u. a.	Nistplatz, Jagdrevier	in jedem Garten
Zaunkönig, Wiedehopf	Nistplatz	in naturnahen Gärten
Amphibien:		
Kröten	Tagesversteck	in naturnahen Gärten
Frösche	Jagdrevier, Versteck	in Wassernähe
Molche	Jagdrevier, Versteck	in naturnahen Gärten, in Wassernähe
Reptilien:		
Schlangen	Eiablage und Nest, Jagdrevier	in ländlich gelegenen Gärten
Eidechsen (u. a. auch Blindschleichen)	Eiablage, Versteck, Jagdrevier	in naturnahen Gärten
Salamander	Versteck, Jagdrevier	in naturnahen Gärten
Insekten:		
Asseln	Tagesversteck, Nahrung	in jedem Garten
Käfer	Jagdrevier, Nahrung	in jedem Garten
Hautflügler (Bienen, Wespen, Hummeln)	Nektarquelle, Nest	in jedem Garten
Ameisen	Nest, Nahrung	in jedem Garten
Schmetterlinge	Nahrung, Winterquartier	in jedem Garten
Spinnen:		
Zebraspinne u. v. a.	Jagdrevier	in jedem Garten
Kleinsäugetiere:		
Wiesel	Versteck, Jungenaufzucht	in ländlich gelegenen Gärten
Spitzmaus	Versteck, Jagdrevier, Jungenaufzucht	in naturnahen Gärten
Feldmaus	Jungenaufzucht, Winterquartier	in jedem Garten
Fledermaus	Tagesversteck	in naturnahen Gärten
Igel	Tagesversteck, Jagdrevier, evtl. Jungenaufzucht	in naturnahen Gärten
Schnecken:		
Gartenschnirkelschnecke, Hainbänderschnecke, Weinbergschnecke u. a.	Tagesversteck	in jedem Garten

Hornissen oder Wespen bauen ihre Nester in höher gelegenen Hohlräumen der Mauer, im Boden brütende Wildbienen bevorzugen den sandigen Bereich vor der Mauer, andere Arten legen ihre Eier in Nisthilfen, die wir in die Mauer integriert haben. Auch Käfer und Florfliegen besiedeln Trockenmauern.

EINE WOHNUNG IM STEIN

Dass Steine einen optimalen Werkstoff für eine solide und dauerhafte Behausung darstellen, hat nicht nur der Mensch eines Tages festgestellt, als er anfing, sich aus Steinen standfeste und langlebige Wohngebäude zu errichten.

Viele große und kleine Tiere wissen eine Wohnung oder ein Versteck im Stein ebenfalls sehr zu schätzen. Ritzen, Spalten oder Höhlen im Fels bieten Schutz vor Feinden oder den Widrigkeiten des Wetters. Die Trockenmauer ist nicht selten **Unterschlupf und Jagdrevier** in einem.

Die Fähigkeit von Stein, Wärme zu speichern, kann einen Felsbewohner in der kalten Jahreszeit vor dem Erfrieren schützen. Allerdings schützt der Rückzug in eine Höhle oder Spalte im Stein auch vor den erbarmungslosen Strahlen der Sonne an heißen Sommertagen.

Schauen wir uns nun also die vielen Möglichkeiten, der heimischen Tierwelt mit Hilfe von in die Mauer eingebauten Behausungen attraktiven Lebensraum zur Verfügung zu stellen, auf den folgenden Seiten etwas genauer an:

Bereitgestellte Niströhren aus Bambus oder Reet werden recht schnell besiedelt.

Nisthilfen für solitär lebende Bienen und Wespen

Rund 80 % aller Tierarten gehören zur Gruppe der Insekten. Weltweit existieren mehr als 1 Million Arten. Bei den Insekten wiederum stellen die Hautflügler (Hymenoptera) nach den Käfern die zweitgrößte Gruppe.

Hautflügler sind die am höchsten entwickelten Insekten überhaupt. Sie werden drei Unterordnungen zugeteilt: den Pflanzenwespen, den Legewespen und den Stechwespen, wozu auch die Wildbienen gehören.

Allein in Mitteleuropa kommen um die 1000 Wildbienenarten vor, allerdings inzwischen mit einer rückläufigen Tendenz! Die Lebensräume für Insekten schwinden mehr und mehr, was den Bestand und die Vielfalt von vielen Bienenarten gefährdet.

Ihre Fähigkeit zu stechen ist bei den allermeisten Wildbienen und auch solitären Wespen verkümmert, so dass es sich bei ihnen um **äußerst friedfertige Tiere** handelt.

Man nennt die Wildbienen auch Solitärbienen, da sie, anders als die bekannte Honigbiene, keine Staaten bilden, sondern ihre Brut in so genannten Brutkammern oder Niströhren „aufziehen", wobei die eigentliche Fürsorge mit der Ablage des Eis und dem Verschließen der Röhre beendet ist.

Da heute immer mehr Solitärbienen und -wespen in ihren Beständen gefährdet sind und auf der Roten Liste erscheinen, ist eine Unterstützung vonseiten des Menschen ganz besonders wichtig geworden. Es ist auch alles andere als schwierig, das Nistplatz- und Nahrungsangebot für diese nützlichen Tiere in unseren Gärten ein wenig

„aufzupeppen“. Gerade eine Trockenmauer kann hierfür auf ganz besondere Art und Weise genutzt werden: Zum einen dient sie als Standort für Nektar und Pollen spendende Wildblumen, zum anderen als Ort, an dem sich viele geeignete Behausungen für eine beachtliche Vielzahl von Tieren befinden könnten.

Eine Wildbiene beim Verschließen der Niströhre

Nisthölzer

Wie wir nun schon erfahren haben, benötigen solitäre Bienen und Wespen ganz spezielle **Niströhren zur Ablage ihrer Eier**, die sie entweder selber graben, zum Beispiel in lehmige Wände oder sandige Steilufer, oder aber sie verwenden dazu Ritzen in alten Mauern, hohle Stängel von Sträuchern und Stauden oder verlassene Käferfraßgänge in unbehandeltem Totholz.

In diese Niströhren wird von dem Insekt ein Nahrungsvorrat für die später schlüpfende Larve eingebracht. Je nach Art handelt es sich hierbei um Blütenpollen oder um tierische Nahrung in Form von Larven oder kleinen Spinnen (bei solitären Wespen).

Doch müssen wir nicht erst auf einen Käfer warten, der die Vorarbeit für die Nest suchende Biene oder Wespe übernimmt, sondern greifen stattdessen lieber gleich selbst zu einer Bohrmaschine und einem Stück unbehandeltem Hartholz (zum Beispiel Buche oder Eiche).

In den **Bohrerstärken 1–10 mm** werden nun beliebig viele Löcher mit einer Tiefe von ca. 2–8 cm in das Holz gebohrt. Holzstücke von beliebiger Form sind hierfür zu gebrauchen. Für eine Trockenmauer darf es ruhig auch ein unregelmäßig geformtes Teilstück sein, welches man einfach an die Stelle eines Steines setzt. So fügt es sich problemlos in das Mauerwerk ein. Große rechteckige Holzblöcke passen optisch nicht immer, allerdings ist das Geschmackssache. Der Platz für die Insektenhilfe sollte in jedem Fall sonnig und geschützt sein, die Bohrlöcher ganz leicht nach unten weisen, damit kein Regenwasser hinein laufen kann.

In ein beliebiges Stück Hartholz werden Löcher gebohrt, das Holz ersetzt daraufhin einen Stein in der Trockenmauer und wird zum Lebensraum für Wildbienen.

Hohle Stängel

Einige Pflanzen haben die Eigenschaft, im Inneren ihrer Äste und Stängel viel weiches Mark zu bilden. Zu ihnen gehören unter anderem Brombeere, Himbeere, Heckenrose, Sommerflieder (*Buddleja*), Forsythie, Königskerze, Disteln und einige Doldengewächse.

Diese markhaltigen Stängel können mit einem langen Draht (zum Beispiel einem Pfeifenputzer) ausgehöhlt, dann zurechtgeschnitten und gebündelt auch in eine Trockenmauer eingebracht werden.

WICHTIG! Gut fixieren

Die Aststücke und Stängel müssen fest zusammengebunden werden und einen guten Halt in der Mauerspalte haben. Da ihr Durchmesser im Laufe eines Trocknungsprozesses meist schrumpft, könnten sie leicht von Vögeln aus der Mauer herausgezupft werden. Es empfiehlt sich daher, die Nisthilfen des Öfteren auf ihren Halt zu kontrollieren.

Alternative: Schilf und Bambus

Sehr gut geeignet sind auch alte Schilf- oder Bambusmatten, die man zuschneiden und ebenfalls, zu Bündeln zusammengefasst, in Lücken der Trockenmauer unterbringen kann. Der Vorteil von ihnen besteht darin, dass sie ihren Durchmesser nicht mehr verändern, sich das Niströhrenangebot daher im Laufe der Zeit nicht so schnell lockern und „verflüchtigen“ wird. Auch Steine können zum Fixieren dieser Bündel verwendet werden.

In Hohlziegel aller Arten können Teilstücke einer alten Reetmatte eingefüllt werden. Dieser „Nistziegel“ ersetzt später einen Mauerstein in der Trockenmauer.

Als Behältnis für Schilfhalme oder dünne Bambusstängel gut geeignet sind auch alte Blechdosen sowie jede Art von Hohlziegeln. Man schneidet die Halme etwa auf die gleiche Länge und füllt so viele von ihnen hinein, dass sie nicht mehr herausfallen können. Doch besteht hier wiederum das Problem, dass sich einige der Stängel und Halme mit der Zeit lockern könnten. Es empfiehlt sich daher, die Festigkeit der Röhrchen von Zeit zu Zeit zu kontrollieren und gegebenenfalls einige Stiele nachzufüllen, damit neugierige Vögel diese nicht mehr herauszupfen können.

Dosen oder Hohlziegel können nun ebenfalls beim „Mauern“ anstelle eines Bruchsteines eingefügt werden, sie dürfen dabei ruhig auch einige Zentimeter weit im Mauerwerk verschwinden oder man lässt den darüber platzierten Stein einige Zentimeter weit aus der Mauer herausschauen. So sind sie gut und sicher vor Wind und Wetter geschützt.

Niststeine

Wie bereits oben erwähnt, bevorzugen einige solitär lebende Hautflügler Lehm oder auch einen gebrannten Lehmziegel, um dort hinein ihre Niströhren zu bauen bzw. um bereits vorhandene Röhren als Brutkammer zu verwenden.

Um diese Art von Lebensräumen ebenfalls in eine Trockenmauer aus Bruchstein zu integrieren, ist wiederum ein wenig Vorarbeit nötig.

In recht **viele Gesteinsarten** sowie **gebrannte Ziegel** können mit einer Schlagbohrmaschine (oder mit dem Bohrhammer) Löcher gebohrt werden. Hierzu verwendet man Steinbohrer der Stärke 2–10 mm. Die Tiefe dieser Bohrlöcher richtet sich nach ihrem Durchmesser und beträgt meist zwischen 2 und 8 cm. Der „lochrige“ Stein kann nun ganz einfach beim Bau der Mauer in das Mauerwerk eingefügt werden.

Besonders leicht lassen sich alte **Lehmziegel** anbohren. Wem es optisch gefällt, der kann diese beim Aufschichten der Trockenmauer ebenfalls in das Mauerwerk einsetzen.

Einige Wildbienenarten freuen sich über einen „löchrigen“ Lehmziegel in der Trockenmauer!

WICHTIG! Bewuchs vermeiden

Alle oben beschriebenen in die Trockenmauer eingebauten Insektennisthilfen sollten generell frei von pflanzlichem Bewuchs bleiben!

Sandige Flächen

Wenig begangene Flächen mit sandiger oder lehmig-sandiger Zusammensetzung sind vor allem in Gebieten mit dichter menschlicher Besiedlung Mangelware. Und doch brauchen einige Insekten genau diesen Untergrund für ihre Eiablage.

Die Hosenbiene (*Dasypoda hirtipes*) wäre ein Beispiel hierfür. Diese Wildbienenart nistet gerne kolonieweise in von der Sonne beschienenen sandigen Böden. Ihr Vorhandensein erkennt man an den zahlreichen kleinen Hügeln im Erdreich, in dessen Mitte häufig noch das Eingangsloch zu sehen ist. Doch auch Eidechsen legen ihre Eier gerne im warmen Sand ab, um sie von der Sonne ausbrüten zu lassen.

Der Bereich am Fuß einer Trockenmauer könnte zu solch einem sandigen Lebensraum werden. Man braucht nichts weiter zu tun, als **ein paar Eimer Sand in den Bereich am Mauerfuß** einzuarbeiten. Es sei jedoch darauf zu achten, dass diese Fläche fortan ungestört bleibt.

Holzwolle, Moos und Laub

Bewusst offen gehaltene oder auch zufällig entstandene Lücken in der Trockenmauer können mit Holzwolle, trockenen Moospolstern oder trockenem Laub gefüllt werden. Dazu wird das Material mit der Hand ein wenig vorgeformt und anschließend **in die Spalten gedrückt.** Ohrwürmer, Asseln, Marienkäfer, Schmetterlinge sowie der ein oder andere Käfer werden sich über diese Art von Quartieren ganz besonders freuen und sie besonders gern auch als Winterschlafplatz nutzen.

Hohlräume

Viele in Staaten organisierte Insekten, zum Beispiel einige Hummel- oder Wespenarten, zu denen auch die geschützte Hornisse gehört, benötigen für ihr Nest einen geeigneten Hohlraum. Vor allem Hummelköniginnen gründen ihren Staat gerne auch in Erdnähe oder gar unterirdisch, etwa in verlassenen Mäusenestern.

Durch entsprechende Hohlräume im Inneren eines Trockenmauerwalles oder im Bereich zwischen einer Stützmauer und dem dahinter liegenden Erdhang kann hier ein entsprechendes Angebot geschaffen werden.

Am einfachsten entstehen diese Hohlräume, indem man **dem Füllmaterial** (siehe auch S. 56) vor allem im unteren Bereich der Mauer **einige größere Steine zufügt.** Auch flache Platten aus Beton sind hierfür geeignet.

Umso sperriger die eingebrachten Steine sind, desto eher bilden sich ganz von alleine kleine oder auch größere Höhlen. Diese

Im Bereich direkt hinter der Stützmauer wird ein solider Hohlraum konstruiert, damit hier Wildtiere, wie Igel, Kröten, Mäuse und andere Tiere des Gartens, einen komfortablen Schutzraum vorfinden. Manchmal nisten dann später auch Hummeln in dem verlassenen Mäusenest!

Höhlen sollten natürlich über einen Eingang von außen erreichbar sein. Dazu lässt man im Mauerwerk der Trockenmauer einfach einige Lücken frei.

Mit etwas Glück zieht schon bald eine Hummelkönigin der dunklen Erdhummel (*Bombus terrestris*), eine Blindschleiche, ein Zaunkönig oder, falls sich der Höhleneingang ebenerdig befindet, ein Igel oder eine Kröte dort ein.

Selbstverständlich spricht auch nichts dagegen, dass man diese Höhlen sorgfältig plant und konstruiert. So könnte man beispielsweise gleich nach dem Setzen der ersten Steinreihe im Bereich hinter der Mauer ebenerdige „Wohnräume" schaffen, indem man flache Steinplatten auf einen Rand legt, den man zuvor aus kleineren Steinen aufgesetzt hat.

Nistkästen

Fertige Nistkästen für Vögel, Fledermäuse oder Insekten lassen sich nur schwer in eine Mauer aus Bruchstein einbauen. Einen Hummelnistkasten könnte man allenfalls auf der Mauerkrone aufstellen oder am Fuß der Mauer in die Erde eingraben, Vogel- und Fledermauskästen in Mauernähe aufhängen.

Auf dem Hügel hinter der Stützmauer aufgestellt, hat man den Nistkasten für Hummeln schön im Blick!

DER DOPPELWANDIGE FREI STEHENDE TROCKEN-MAUERWALL

Selbst in völlig ebenerdigen Gärten muss auf eine attraktive Trockenmauer nicht verzichtet werden. Wenn die meisten Mauern auch zum Abstützen eines Erdhanges aufgebaut werden, so können Trockenmauern noch weitaus mehr und ihr Bau funktioniert generell auch ohne einen Hügel!

Neben dem **Terrassieren und Abstützen von hügeligem Gelände** dienen sie häufig auch als Grenze, Raumteiler oder können sogar als **eine Art bepflanztes Hochbeet** konzipiert werden.

Manchmal möchte man sich auch einfach nur an ihrer schlichten und dabei doch außergewöhnlichen Erscheinung erfreuen und zugleich einer Vielzahl von Pflanzen und Tieren ein neues Zuhause geben.

Der Abstand der beiden Trockenmauerwände wird meist so gewählt, dass die gesamte Mauerkonstruktion bei einem konischen Verlauf nach oben hin schmaler werdend mit einer Reihe flacher Steinplatten als Abdeckung abgeschlossen wird.

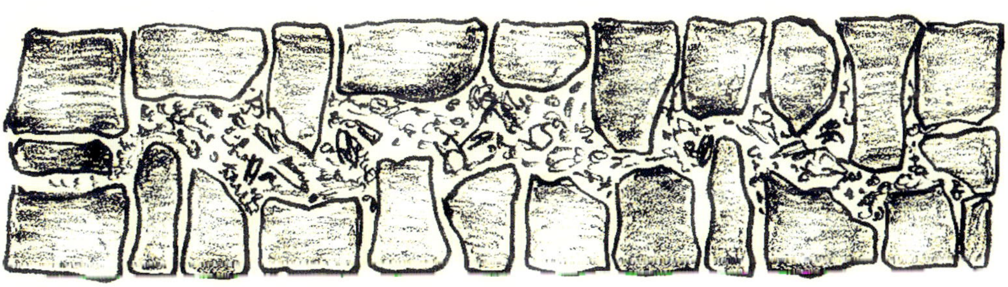

Blick von oben auf die erste Steinreihe des doppelwandigen Trockenmauerwalls. Die beiden Steinreihen werden relativ eng nebeneinander gelegt, der Zwischenraum mit Splitt, Kies und kleinen Steinen gefüllt.

TROCKENMAUER UND HOCHBEET IN EINEM: SO FUNKTIONIERT DER BAU

Nachfolgend wird der Bau eines verbreiterten doppelwandigen Trockenmauerwalles beschrieben, der neben einer natürlichen Steingartenflora auch noch das ein oder andere Gemüse oder Gartenkraut auf seiner Krone beherbergen kann und somit in einer erweiterten Funktionalität auch als Hochbeet dient.

Durch die detaillierte Anleitung werden hoffentlich viele interessierte Gartenbesitzer motiviert, ein solches Projekt auf eigene Faust in Angriff zu nehmen.

Stabiler Untergrund und Drainage

Ideal wäre ein gut verfestigter, gewachsener Boden, um hierauf eine stabile frei stehende Trockenmauer aufbauen zu können. Schließlich bringt das fertige Steinprojekt gut und gerne mehrere Tonnen Gewicht auf die Waage, welches auf relativ kleinem Raum verteilt ist. Der Untergrund sollte daher nicht mehr groß arbeiten, wie es etwa in Gärten von Neubaugebieten häufig der Fall ist.

Frisch aufgeschütteter Boden muss, falls man dennoch auf ein Steinprojekt nicht verzichten möchte, sehr gut festgestampft werden.

Die Mauerhöhe sollte dementsprechend niedriger ausfallen und 60 cm nicht überschreiten. Ansonsten wird hier davon ausgegangen, dass der frei stehende Wall in etwa eine Höhe zwischen 60 und 90 cm haben wird.

Um ein Trockenmauerprojekt zu verwirklichen, muss der Standort zunächst ein wenig aufgeräumt werden.

Sind Wurzelunkräuter vorhanden, empfiehlt sich auch hier, wie es schon beim Beispiel der Stützmauer am Hang beschrieben wurde, das **Verlegen eines speziellen Unkrautvlieses**.

Als Fundament dient ein Kies- oder Schotterbett

Neben den größten und schwersten vorhandenen Steinen besteht das Fundament bei einem frei stehenden Trockenmauerwall aus einem rund **10–15 cm tiefen Kies- oder Schotterbett**.

Dazu wird dem Verlauf der künftigen Mauer folgend eine rund 10–15 cm tiefe Grube ausgehoben. Auch ein kurviger Verlauf der Mauer ist selbstverständlich möglich. Die Breite der Vertiefung entspricht mindestens der Breite des Mauerfußes (zwei Reihen Steine + Zwischenraum) zuzüglich rund 5–10 cm rundum.

Hat man den Boden in diesem Bereich abgetragen, wird der Untergrund gut festgestampft. Die Fläche sollte eben sein und keinerlei Gefälle aufweisen, was sich mit einer Wasserwaage gut überprüfen lässt.

In eine Vertiefung wird ein Unkrautvlies gelegt und darauf das Drainagematerial verteilt.

In diese Vertiefung hinein wird ggf. auch das **Unkrautvlies** gelegt und anschließend Kies und/oder feiner Splitt, gegebenenfalls mit etwas Schotter vermischt, hineingegeben.

Die **Sockelsteine** werden nun mit ihrer ebenen Seite nach oben verlegt. Sie dürfen zu einem Teil unterhalb des Erdniveaus zu liegen kommen, um der Mauer einen besonders guten Halt zu geben. Auch ihre Außenkanten sollten möglichst eben sein, damit die Mauer eine optisch ansprechende Oberfläche erhält.

Zum Ausgleich von Unebenheiten werden hauptsächlich die nach innen ragenden Seiten der Steine mit kleinen Steinkeilen unterlegt. Das Gleiche gilt auch für den weiteren Aufbau der Mauer, da an der Außenseite angebrachte Steinkeile schnell herausfallen könnten. Die fertig verlegten Sockelsteine sollten eine möglichst ebene Fläche ergeben.

HINWEIS! Keine Drainage nötig

Auf eine tiefe Drainage kann beim frei stehenden Trockenmauerwall verzichtet werden, da bei einer frei stehenden Mauer abfließendes Regenwasser normalerweise keine Probleme bereitet.

Mauerbreite

Wie breit der Wall am Ende werden soll, kann ganz individuell festgelegt werden. Abhängig davon, wie weit man die zwei ersten Steinreihen voneinander entfernt verlegt, wird der Trockenmauerwall breiter oder weniger breit ausfallen.

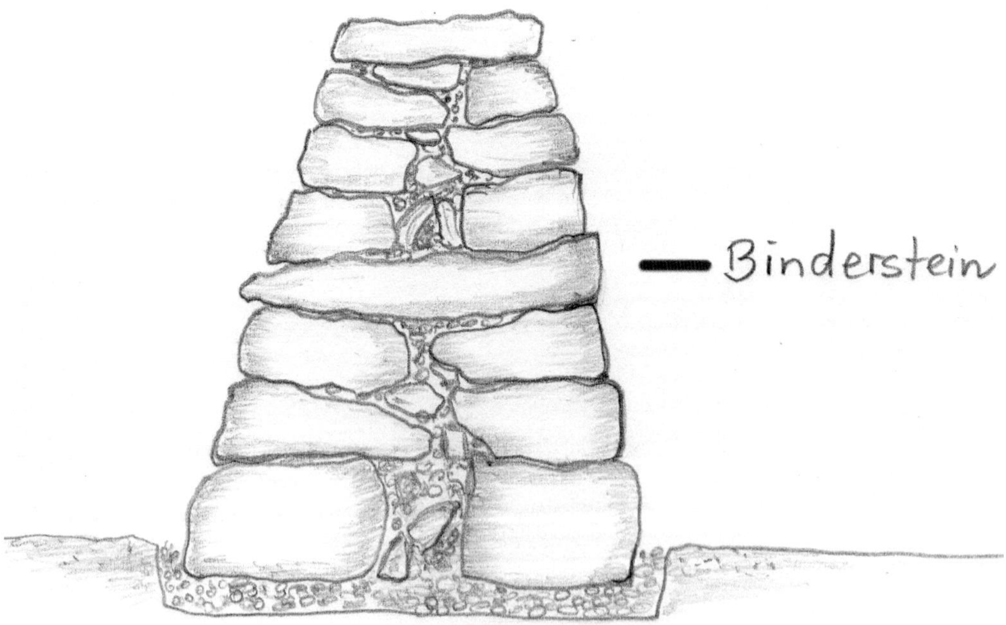

Querschnitt durch einen doppelwandigen Trockenmauerwall, der mit flachen Steinplatten abgedeckt wird.

Je höher der Wall schließlich gebaut wird, desto schmaler wird er durch den **konischen Verlauf seiner Außenwände**. Wer schon Decksteine zum Abdecken geordert hat, muss dies mit berücksichtigen. Man sollte für diese Abdeckplatten keinesfalls zu kleine Platten wählen, da der Anlauf, also die Neigung der Mauern rundum nur gering ausfällt und man meist noch eine recht breite Krone mit Deckplatten zu überbrücken hat.

Da auf der Krone des Walls im hier gezeigten Beispiel noch Platz für Gemüse oder Kräuter sein soll, wird zwischen den zwei Reihen der Sockelsteine einfach zusätzlicher Raum eingeplant. Auf Deckplatten kann somit komplett verzichtet werden.

Der Trockenmauerwall als Heim für Tiere und Pflanzen

Möglicherweise hat man sich dazu entschieden, einen besonderen Schwerpunkt auf den Artenschutz zu legen und im Inneren des Walls außerordentlich viele Unterschlupfmöglichkeiten für Tiere zu schaffen, oder man bevorzugt eine üppige Bepflanzung der Lücken im Mauerwerk. Schon vor Baubeginn sollte die Nutzung des Walls feststehen, damit gegebenenfalls zusätzliches Material (flachte Betonplatten, Pflanzerde, Pflanzen) besorgt werden kann.

Pyramidenform

Die Mauer verjüngt sich nach oben hin automatisch, indem man zuerst die größten und schwersten Steine verwendet und

Der Abstand der beiden langen Mauerseiten bestimmt über die spätere Breite der bepflanzbaren Mauerkrone.

Neben Kies, Splitt und kleinen Steinen dürfen auch Reste von zerbrochenen Tonwaren und anderes steiniges Material in den Innenraum des Walls gefüllt werden.

der gesamten Mauerkonstruktion dadurch gleichzeitig eine leichte Neigung gibt.

Der Innenraum wird während des Aufbaus beständig mit Drainagematerial, kleinen Steinen und guter Erde aufgefüllt. Abgesehen von einigen längeren Bindersteinen dürfen die nach oben hin verwendeten Steine auch allmählich etwas kleiner und zierlicher werden.

HINWEIS! Mauerabschlüsse

Es sind generell zwei Mauerabschlüsse für den Trockenmauerwall möglich:
1. **Abdeckung mit flachen Bruchsteinplatten**
2. **Offener Abschluss zum Bepflanzen**

Das Aufsetzen der Steine eines Trockenmauerwalles unterscheidet sich im Wesentlichen nicht von dem bei einer Stützmauer am Hang (siehe auch S. 53). Auch hierbei werden lange Bindersteine als Verankerung eingesetzt. Sie reichen nicht selten von einer Mauerseite bis zur gegenüberliegenden, können sogar an beiden Seiten ein kleines Stück herausragen und geben der gesamten Mauerkonstruktion dadurch einen noch besseren Halt.

Stein für Stein ...

Wie schon bei der Stützmauer am Hang wird nun jeder Stein beim Aufschichten des Mauerwerks sorgfältig auf seinen Sitz geprüft. Mit Sicherheit muss gelegentlich wieder abgebaut werden, was man schon verbaut hatte, da die Übung und das Können erst mit zunehmender Arbeitszeit entstehen.

Anders als bei nass mit Mörtel gemauertem Mauerwerk hat man beim Trockenmauerbau die Möglichkeit, gemachte Baufehler zu beheben, Teile der Mauer also ab- und wieder neu aufzubauen, wenn ein Stein letztendlich nicht so gut in die Mauer passt, als man zunächst dachte. Wer seine eigene Arbeit immer wieder kritisch hinterfragt, kommt schließlich ans Ziel und wird zufrieden mit dem Ergebnis seiner Arbeit sein.

Der Wall erhält eine Drainagefüllung

In das **Innere des Steinwalles** wird **wasserdurchlässiges Füllmaterial** eingebracht. Dazu wird – wie bei der Stützmauer am Hang – Bauschutt, Kies, Schotter sowie jede Art von Steinen verwendet.

Wer den Schwerpunkt auf eine Bepflanzung des Walls legen möchte, der mischt das Drainagematerial schon von Anfang an mit guter Pflanzerde. Im unteren Bereich –

Auch etwas größere Steine dürfen als Drainage im Innenraum des Trockenmauerwalls verschwinden. Dadurch bilden sich häufig ganz von alleine einige Hohlräume, die vielen Tieren als Wohnraum dienen können.

nur am Rande – noch vorsichtig beginnend, beträgt der Erdanteils in der Drainage auf halber Höhe des Walls etwa 50 %, nach oben hin nimmt der Erdanteil noch zu (bis zu einem Verhältnis von etwa 80 : 20), damit hier die Pflanzen besonders üppig gedeihen können.

Durch das Einfüllen von größeren Steinen entstehen mit der Zeit ganz von alleine Hohlräume, die allerhand Tieren, wie etwa Käfern, Amphibien oder Reptilien, eine Behausung bieten können.

Auch große flache Steinplatten können im Inneren der Mauer platziert werden und schaffen größere Hohlräume für die unterschiedlichsten Felsbewohner! Als Zugang werden bewusst einige Lücken und Spalten im Mauerwerk offen gelassen.

DIE BEPFLANZUNG DES WALLS

Ein frei stehender doppelwandiger Trockenmauerwall hat vier Seiten mit vier unterschiedlichen Klimazonen, so dass eine Bepflanzung recht vielseitig ausfallen kann. Natürlich sollten die Pflanzen einen steinigen Standort mögen (siehe ab S. 107). Gepflanzt werden können sie entweder schon beim Aufbau des Walls, was vor allem bei größeren Pflanzen empfehlenswert ist, oder auch hinterher noch, indem sie mit einem lehmigen Substrat in vorhandene Lücken gesetzt werden.

Pflanzen für steinige Bereiche breiten sich recht schnell aus. Wer bei anderen Gärtnern anfragt, bekommt nicht selten einige für umsonst oder im Tausch gegen andere Pflanzen.

Der Trockenmauerwall hat seine Endhöhe erreicht. Als Abdeckung wird gute nahrhafte Erde eingefüllt, damit als krönender Abschluss Salat oder Kräuter gepflanzt werden können.

Vor allem größere Pflanzen setzt man am besten schon beim Aufbau der Mauer ein.

Wer vor allem Freude an einer „steinigen“ Flora hat, der setzt zahlreiche Pflanzen in die Mauerspalten und schaut zu, wie diese wachsen und gedeihen.

DIE EINWANDIGE TROCKENMAUER ALS EINFRIEDUNG ODER RAUMTEILER

Wer Ferien am Mittelmeer oder auf den Britischen Inseln macht, dem fallen recht bald die einwandig aufgesetzten Trockenmauern auf, die dort als Begrenzung für Weiden oder gelegentlich auch zum Einfrieden von Grundstücken zum Einsatz kommen.

Nicht selten schimmert ein wenig Licht durch das kunstvoll aufgeschichtete Mauerwerk. Anders als bei einem doppelwandigen Trockenmauerwall (siehe S. 85), sind einwandig gebaute Trockenmauern schmaler im Querschnitt. Sie erhalten ihre Stabilität zwar einerseits auch durch die Tiefe der verwendeten Steine, den breiten Mauerfuß sowie das Gewicht der Gesamtkonstruktion, andererseits jedoch auch dadurch, dass die Steine so miteinander verkeilt werden, dass sie ein gut miteinander verzahntes Konstrukt bilden.

Durch einen unbeweglichen Untergrund bleibt dieses „Steingeflecht" über sehr lange Zeiträume stabil. Einige Trockenmauern in Irland sind tatsächlich schon mehrere hundert Jahre alt. Beständiger Wind und sogar heftige Stürme können die Steinwände nicht zum Einsturz bringen, da sich der für Irland typische Wind an dem lückigen Aufbau der Mauer bricht und anschließend einfach durch die Mauer hindurchwehen kann.

In Nordirland überziehen einwandig aufgebaute Trockenmauern die Landschaft teils wie ein Netzwerk.

MATERIAL UND VORBEREITUNGEN

Benötigtes Material und Werkzeug

Material für eine rund 3 m³ große Mauer (Ansichtsseite plus beide Seiten):

- 1,5 bis 2 t Bruchstein, 4 Gehwegplatten aus Beton à 60 x 60 cm oder 8 Platten à 50 x 50 cm
- 1 Schubkarre feiner Sand
- 4 eckige Pfosten, mind. 7 x 7 cm, à 2 m Länge (Holz oder wahlweise aus Stein)
- 1 Sack Beton-Estrich

Werkzeug:

- Spaten
- Schubkarre
- Wasserwaage
- Erdlochausheber (Lochspaten)

Der Standort wird vorbereitet

Zunächst gilt es, den Standort der künftigen Mauer festzulegen und diesen für das geplante Mauerprojekt vorzubereiten.

Manchmal muss an Ort und Stelle erst noch Ordnung geschaffen werden – so wie auch in unserem speziellen Beispiel, wo zwei Gartenbereiche mit Hilfe eines Raumteilers voneinander getrennt werden sollen. So würde man in Zukunft von der Straße aus nicht mehr bis zu den Kompostanlagen sowie zu den Holzsammelstätten sehen können.

Eine rund 1 m hohe, einwandig aufgebaute Trockenmauer soll den reinen Arbeitsreich recht apart verstecken und ihn vor allzu neugierigen Blicken bewahren.

Zunächst stehen **umfangreiche Aufräumarbeiten** auf dem Programm, denn über die Jahre hinweg wurde Schnittgut einfach auf einem Haufen gesammelt. Wenn auch ökologisch sicher sinnvoll, so sieht dies nicht besonders schön aus.

Bisher versperrte ein gigantischer Haufen aus Schnittholz den Blick auf den Kompost- und Holzplatz des Gartens. Dieser soll nun einer schmucken Trockenmauer weichen.

Die Äste werden abgetragen und am Rande des Grundstücks zu neuen Holzhecken ordentlich aufgestapelt, damit die Tiere des Gartens einen neuen Unterschlupf darin finden können.

Steine ordern

Die Steine für ein derartiges Projekt **sammelt man am besten selbst von einem Haufen im Steinbruch**, damit man auch die gewünschten Formen erhält. Ein wenig länglich sollten sie schon sein, damit die Mauer – vor allem im unteren Bereich – auch das nötige Gewicht und eine gute Standfestigkeit erhält.

Steinlängen von etwa 40–50 cm sind ideal, um eine rund **1 m hohe Mauer** aufzubauen. Wer eine höhere Mauer bauen möchte, dem sei jedoch geraten, Steine von 40–100 cm Länge zu ordern, damit die Mauer, gerade im unteren Bereich, über die nötige Tiefe und damit Standfestigkeit verfügt. Darüber hinaus sollten die Steine über möglichst viele „Ecken und Kanten" verfügen, damit sie miteinander verkeilt werden können.

FUNDAMENT UND AUFBAU

Das Fundament entsteht

Sobald der Mauerstandort frei von Bewuchs ist, wird ein rund **10–15 cm tiefes Fundament** ausgeschachtet. Im Falle einer rund 2 m langen und 1 m hohen Mauer hat diese Vertiefung die ungefähren Maße von rund 2,20 m x 70 cm.

TIPP! Breite berechnen

Die Breite von 70 cm berechnet sich wie folgt: Breite einer Gehwegplatte aus Beton (60 cm) plus 10 cm Zugabe.

Bei höheren Mauern werden zwei Steinreihen à 50 cm nebeneinander verlegt, so dass ein Graben von etwa 2,20 x 1,10 m ausgehoben wird.

In diese Vertiefung wird reichlich Sand gefüllt, die Oberfläche glatt gezogen und mit der Wasserwaage überprüft.

Nun werden zunächst die Löcher für die **seitlichen Begrenzungspfosten** ausgegraben. Hervorragend für diese Arbeit geeignet ist ein so genannter Erdlochausheber oder Lochspaten. Hiermit könnten beliebig tiefe Löcher in kurzer Zeit ausgehoben werden, ohne dass der umliegende Bereich zu großen

Schaden nimmt. Das ist in diesem Fall besonders wichtig, da der Untergrund für eine Trockenmauer gewachsen und fest sein sollte.

Die Pfosten werden dann in die Löcher gesetzt, rundum mit Trockenmörtel aufgefüllt und gut angedrückt.

HINWEIS! Materialwahl

Die Pfosten können sowohl aus Holz als auch aus Stein sein. Steinpfosten haben eine wesentlich längere Lebensdauer.

Ist die **Sandfläche gut eingeebnet** worden und in der Waage, werden die **vier Gehwegplatten** aufgelegt und ausgerichtet. Sie bilden den unbeweglichen Untergrund für die Mauer und sorgen dafür, dass die gesamte Konstruktion der Trockenmauer langfristig stabil bleibt.

Sobald die Steine eine waagerechte Fläche bilden, werden sie rundum **mit Erdreich angeschüttet** und dieses wird gut festgestampft. Nun kann der Aufbau der Mauer beginnen!

Der Maueraufbau

Ganz anders als eine doppelwandige Trockenmauer oder eine Stützmauer an einem Hang werden die einwandigen Mauern gebaut. Für deren Stabilität entscheidend sind nicht die glatten Auflageflächen. Vielmehr dreht man sie beim Aufbauen so zu ihrem Steinnachbarn, dass beide **Steine so miteinander verkeilt** sind, **dass sie sich nicht mehr bewegen** lassen. Zwar sollten sie von ihrer Größe her auch immer etwas flächig sein, damit die nächste Steinreihe sicher aufliegt und die Mauer später eine gewisse Tiefe aufweist, zu viele glatte Flächen sind jedoch eher hinderlich beim Aufbau und würden die Stabilität des „Steingeflechts" sogar schwächen. Auch die Ansichtsflächen müssen nicht unbedingt glatt sein. Ideal sind jedoch Steine, die sich von ihrer Form her ähneln, damit ein homogenes Mauerbild entstehen kann.

Aller Anfang ist schwer! Das gilt insbesondere für den Bau einer einwandigen Trockenmauer. Hierbei kommt es darauf an, die Steine miteinander fest zu verkeilen ...

HINWEIS! Gut verkeilen

Jeder in die Mauer gesetzte Stein muss sicher aufliegen und fest mit seinen Nachbarn verkeilt werden, bis er sich nicht mehr bewegen kann!

Stetig geht der Bau voran. Von vorne wie auch von beiden Seiten wird die Arbeit stetig per Augenmaß kontrolliert. Wer möchte, spannt sich eine Schnur vor die Mauer, um die Vorderseite der Mauer beim Aufbau immer im Blick zu haben.

HINWEIS! Standsicherheit

Je tiefer die Mauer, desto standsicherer ist sie. Der Mauerfuß sollte zwischen 50 und 100 cm tief sein. Nach oben hin kann die Mauer durch die Verwendung kleinerer Steine etwas schmäler werden.

Manchmal will man auch zu hoch hinaus, dann ist es sinnvoll, die Mauerhöhe wieder zu reduzieren, wenn die Statik der Mauer gefährdet wäre!

Jeder einzelne Stein muss fest mit seinen Nachbarn verzahnt sein. Lockere Steine werden sogleich durch andere ersetzt!

Nisthilfen im Sichtschutz aus Stein?

Natürlich können auch in der einwandig aufgesetzten Trockenmauer einige Nistmöglichkeiten für Insekten untergebracht werden, indem man etwa gebündelte Halme in die Lücken zwischen den Steinen steckt. Oder man füllt einige Lücken mit Moos oder Strohpolstern, damit hier Käfer und Asseln einen Wohnort finden.

Wie schon bei den anderen Mauertypen kann auch vor der einwandigen Mauer etwas Sand in den Boden eingearbeitet werden, damit Insekten im warmen Boden vor den Steinen ihre Eier legen können. Oder

Die einwandige Mauer ist dann fertig, wenn wir der Meinung sind, dass sie gut verkeilt und sicher an ihrem Standort steht!

man legt einen kleinen Steingarten in diesem Bereich an, so dass auch Eidechsen und Blindschleichen auf die Jagd gehen können.

TIPP! Doppelwandig bei Übungsbedarf

Wer generell unsicher beim Bau einer einwandig aufgebauten Mauer ist, dem sei empfohlen, an ihrer Stelle eine doppelwandige Mauer aufzusetzen. Auch diese kann als Raumteiler oder Sichtschutz dienen.

So schwierig der Bau dieses Mauertyps auch zunächst scheinen mag, mit zunehmender Bauzeit entwickelt man die nötige Übung und das feste Verkeilen der Steine gelingt immer besser. Manchmal muss man die Steine nur ein wenig drehen und schon sind sie fest mit ihren Nachbarn verankert. Mit der Zeit entwickelt man Freude am Aufbau dieses Mauertyps. Das Ergebnis kann sich sehen lassen und verblüfft oft Nachbarn und Freunde.

HÄUFIG GEMACHTE FEHLER BEIM BAU VON TROCKENMAUERN

Ein Fundament aus Beton

Manch einer scheint es besonders gut machen zu wollen und entscheidet sich für ein betoniertes Fundament, doch erreicht er damit das Gegenteil: Die Mauer ist starr und unbeweglich, Regenwasser kann nicht abfließen, die Steine verschieben sich früher oder später. Die Mauer muss in der Folge regelmäßig repariert werden.

Lotrechte, senkrechte Bauweise

Bei einer steil aufrecht gebauten Mauer ohne jeden Neigungswinkel wird der Hangdruck insgesamt erhöht, was bei einer gewöhnlichen Gartenmauer mit durchschnittlicher Stärke und Größe im schlimmsten Fall zum Einsturz der gesamten Mauer führen kann.

Weiters werden einwandig aufgebaute Mauern manchmal zu schmal und/oder hoch gebaut, was ebenfalls zum Einsturz der Mauer führen kann.

Wurzelunkräuter überwuchern die Mauer

Leider lässt sich dieser Fehler hinterher nicht mehr korrigieren. Daher unbedingt schon vor dem Bau der Trockenmauer Wurzelunkräuter tiefgründig entfernen und ggf. ein Unkrautvlies verlegen.

Falscher Standort

Ein weicher nachgiebiger Untergrund kann ebenso Probleme bereiten wie Wurzeln eines großen Baumes, die irgendwann auf die Steine drücken und das Fundament der Mauer verschieben können.

Ein schattiger Standort dagegen führt zu einem Verkümmern der sonnenhungrigen Felsenflora, welche bei der Bepflanzung von Spalten und Ritzen einer Trockenmauer generell bevorzugt wird.

Unzureichende Drainage

So manch eine „Drainage" hält nicht das, was man sich von ihr versprochen hatte. Auf keinen Fall darf zu viel Feuchtigkeit speicherndes Material, wie etwa Tonerde, verwendet werden.

Sobald die Erde gefriert, drückt sie stetig gegen die Mauer und drückt diese allmählich immer weiter nach außen. Tonhaltige Erde sollte in diesem Bereich daher nur ganz gezielt (zur Pflanzenversorgung) und generell äußerst sparsam eingesetzt werden.

Kreuzfugen

Es sollte nach Möglichkeit vermieden werden, dass Fugen übereinander liegen. So genannte Kreuzfugen schwächen die ge-

Zu große Lücken zwischen den Steinen einer Trockenmauer machen die Mauer auf Dauer instabil.

samte Konstruktion der Mauer. Die Fugen des Trockenmauerwerks sollten daher so oft wie möglich versetzt angeordnet sein. Zu große Lücken im Mauerwerk sollten ebenfalls aus Gründen der Mauerstatik vermieden werden!

Zu stark wuchernde Polsterstauden

In Bezug auf eine Bepflanzung der Mauer gilt der Grundsatz: „Weniger ist mehr."

Was beim Setzen noch recht zierlich wirkte, kann unter Umständen schon bald zu riesigen und alles unter sich begrabenden Polstern herangewachsen sein. Bedecken eingesetzte Pflanzen den Großteil der Mauer, hat man es hier eindeutig übertrieben. Ein unverhältnismäßig hoher Zeit- und Arbeitsaufwand für das Jäten wäre die Folge. Und schließlich will auch das schön anzusehende Mauerwerk bewundernde Blicke auf sich ziehen.

Freie Plätze auf von der Sonne erwärmten Steinen sind außerdem begehrte Ruheplätze für viele Wärme liebende Tierarten (und so manchen sonnenhungrigen Zweibeiner).

Pflanzen verkümmern oder gehen ein

Verwelken Pflanzen bald nach dem Einsetzen in die Mauer, kommen als Gründe eine mangelhafte Versorgung der Pflanzen mit guter Pflanzerde, Verletzungen der Wurzelballen durch Quetschen und Stauchen sowie unzureichendes Wässern in Frage. Die Wurzeln sollten so tief wie möglich in die Mauer eingebracht werden, so dass sie die Möglichkeit erhalten, während ihres Wachstums die Erde des Hanges oder den Kern des Trockenmauerwalls zu erreichen. In die Füllung eines doppelwandigen Steinwalles sollte daher immer ein Teil gute nahrhafte Pflanzerde mit eingearbeitet werden.

Große, gut entwickelte Pflanzen werden am besten schon während des Aufbaus der Mauer mit etwas Pflanzerde eingesetzt (siehe dazu auch S. 67).

Eine Trockenmauer kann, muss aber nicht bepflanzt werden. Auch das Mauerwerk verdient Bewunderung.

DIE BEPFLANZUNG DER TROCKENMAUER

Der gemeinsame Auftritt von Steinen und Pflanzen beschert dem menschlichen Auge oft einen ganz besonderen optischen Genuss. Durch die karge und farblich unauffällige Schlichtheit der Steine wird die Ausstrahlungskraft einer dekorativen Bepflanzung kontrastreich betont. Blattformen, Blütenfarben und Wuchs erhalten den perfekten Rahmen, so dass bei vielen Gärtnern schnell der Wunsch aufkommt, eine blühende Steinlandschaft im eigenen Garten anzulegen.

Eine Trockenmauer aus Bruchsteinen hat hier jedoch weitaus mehr zu bieten, als es ein ebenerdiges Stein- oder Geröllbeet mit entsprechender Bepflanzung je könnte.

Durch ihre in die Höhe ragende Bauweise mit den vielen Ritzen und Spalten erhöhen sich die Möglichkeiten einer reizvollen Bepflanzung um ein Vielfaches.

Vor dem inneren Auge des begeisterungsfähigen Gärtners entstehen traumhafte Szenen von üppig blühenden Polstern, die aus den Lücken zwischen den Steinen der Mauer hervorquellen, zarten Rankgewächsen, die an der Mauer Halt suchen oder sukkulenten Stauden, die auch vor größter Hitze und Trockenheit nicht kapitulieren. Am liebsten sollte die Blütezeit der Mauerpflanzen von März bis November reichen, so dass man die Blütenpracht an jedem Tag genießen kann.

Doch sei der allzu eifrige und auf optische Effekte fixierte Gärtner an dieser Stelle vorsorglich gewarnt: Möchte man nämlich nicht nur das eigene Auge erfreuen, sondern ganz nebenher auch der Tierwelt des Gartens etwas Gutes tun, sollte nicht beliebig drauflosgepflanzt werden. Es macht weitaus mehr Sinn, sich schon im Vorfeld ein paar Gedanken über eine ökologisch zweckmäßige Bepflanzung der Trockenmauer zu machen, damit man auch nach Jahren noch Freude an dem Bauprojekt aus Stein haben wird.

Hauswurz (*Sempervivum*) gibt es in unzähligen Arten. Die Rosetten sind frostfest und bilden mit der Zeit schöne Bestände.

Berücksichtigt man ein vorsichtiges „Weniger ist mehr" bei der Initiativbepflanzung der fertig gestellten Mauer, dann wird einem diese über einen langen Zeitraum erhalten bleiben und ein Vielfaches von dem zurückgeben können, was einst an sehr schweißtreibender Arbeit in sie hineingesteckt wurde.

SOLLTE MAN HEIMISCHE PFLANZEN BEVORZUGEN?

Mal Hand aufs Herz: Welcher naturbegeisterte Mensch will schon, dass Schmetterlinge, bunt schillernde Käfer oder vom Aussterben bedrohte Wildbienen am scheinbar reich gedeckten Tisch im eigenen Garten verhungern müssen?

Genau das geschieht jedoch beinahe täglich in unseren bunt blühenden Gärten. **Viele Exoten** und vor allem auch Pflanzen mit gefüllten Blüten **bilden wesentlich weniger Nektar und Pollen** für die heimische Insektenwelt, als es ihre wilden, ungefüllten Verwandten tun.

Doch abgesehen von diesem Aspekt haben heimische Pflanzen auch den Vorteil, dass sie sich über einen längeren Zeitraum an die verschiedensten Standorte anpassen können und sich besser in das Landschaftsbild einfügen.

Wenn einige exotische Züchtungen auch noch so üppig und farbenprächtig blühen und Blumenfreunde beim Besuch eines Gartencenters schnell schwach werden können, so sollte ihnen dabei bewusst sein, dass es sich bei der soeben erstandenen Pflanze zum einen um ein für die heimische Tierwelt völlig unbrauchbares Gewächs handeln könnte und zum anderen versagt diese Pflanze womöglich am Extremstandort einer trocken aufgeschichteten Steinmauer.

Selbst wenn die angebotene Pflanzenart als „Wildpflanze“ deklariert wird, ist dies noch lange keine Garantie für ihre ökologisch einwandfreie Herkunft. Auch die Züchter haben inzwischen erkannt, dass Pflanzen mit Wildcharakter heute wieder „in“ sind und vom Verbraucher verstärkt nachgefragt werden.

So gibt es inzwischen eine große Anzahl an Gartenformen von ursprünglich heimischen Arten, die von den meisten Tieren nicht mehr als Nahrungsquelle in dem Maße anerkannt werden als ihre heimischen Vorgänger. Als eines von vielen Beispielen sei hier die **Schafgarbe** genannt. 28 Wildbienenarten sammeln den Pollen der heimischen Wiesenschafgarbe (*Achillea millefolium*), von der Gartenform „Gold-Schafgarbe“ ernähren sich gerade einmal – bzw. immerhin drei Arten!

Einige Züchtungen von optisch besonders ansprechenden Gartenblumen bieten gar keinen Nektar mehr an bzw. kommen die Blütenbesucher nicht an ihn heran. Besonders dicht gefüllte Blüten etwa lassen die Tür zur Nektar- oder Pollen-Bar von vornherein fest verschlossen und ernähren demnach keine einzige Biene oder Hummel mehr.

Wem Geranien, Petunien oder Dahlien auf einer Mauerkrone gefallen, der mag diese in seinen Steingarten holen. Da man diese Blühpflanzen quasi überall kaufen kann, werden sie in den nachfolgenden Pflanzenlisten nicht noch einmal extra aufgeführt.

Möchten wir mit unserer Trockenmauer nicht nur optisch glänzen, sondern auch ein kleines Stück wertvolle Natur in unsere Gärten zurückholen, ist eine Bepflanzung der Mauer mit heimischen Wildpflanzen ganz besonders wichtig.

Doch welche Pflanzen sind heimisch und welche nicht?

Der kleine Streifenfarn (*Asplenium trichomanes*) gedeiht in den von der Sonne abgewandten Mauerseiten.

Wer darf sich „heimisch" fühlen?

Darüber, welche Pflanze am jeweiligen Standort heimisch ist oder nicht, wird oftmals heiß diskutiert.

Schauen wir uns den Begriff „heimisch" und seine Bedeutung an, so ist darin vor allem das Wörtchen „Heim" enthalten. Demnach könnte man doch ganz einfach behaupten, dass jede Pflanze, die ein für sie passendes Heim, also eine Heimstätte, gefunden hat und sich eigenständig über Samen vermehrt, als heimisch bezeichnet werden kann.

In aller Regel haben diese Pflanzen auch **entsprechende Bestäuber** ihrer Blüten gefunden und besitzen daher auch einen gewissen **Wert für die heimische Tierwelt**.

Berücksichtigen sollten wir außerdem, dass sich die europäische Flora im ständigen Wandel befindet. Klimaveränderungen, Neuzüchtungen, Ferntourismus, Umweltzerstörung und vieles mehr tragen mit dazu bei, dass einige Arten verschwinden, während andere neu hinzukommen. Nichts bleibt, wie es ist!

Laut Bundesnaturschutzgesetz (BNatSchG § 10 (2) 5.) sind sogar Neophyten als „heimisch" anzusehen. Bei näherer Betrachtung der inzwischen zahlreichen „eingewanderten" bzw. „eingeschleppten" Arten (= Neophyten) wird jedoch schnell klar, dass in Bezug auf ihre Nützlichkeit unbedingt unterschieden werden muss, ob es sich bei ihnen um etablierte Pflanzen handelt, die wenig oder gar keine Probleme bei der Integration in die heimische Flora bereiten, oder ob wir es mit einer problematischen (= invasiven) Art zu tun haben.

Zwei **Beispiele für invasive Neophyten** sind der „Riesen-Bärenklau" (*Heracleum mantegazzianum*) und das „Drüsige Springkraut" (*Impatiens glandulifera*), die sich mit einer enormen Konkurrenzstärke ausbreiten und an ihren neu eroberten Standorten andere Arten aufs Massivste verdrängen.

Wie man sieht, ist eine ökologisch sinnvolle Pflanzenauswahl nicht immer einfach und verlangt häufig nach individuellen Lösungen. Exoten oder eingewanderte „Neubürger" müssen nicht in jedem Fall verteufelt werden. Der Sommerflieder (*Buddleja*) etwa ernährt eine große Vielzahl an Insekten, was ihn sehr nützlich macht. Er ist daher auch unter dem Namen Schmetterlingsflieder bekannt.

Die in gelb veredelte Schafgarbe ist zwar hübsch anzusehen, für die Tierwelt ist sie allerdings weit weniger wertvoll als die „Gewöhnliche Schafgarbe" mit zierlicherem Wuchs und weißen Blüten.

Haben wir jedoch die Wahl zwischen ursprünglicher Wildpflanze und einer heimisch gewordenen Weiterzüchtung oder einem eingewanderten ehemaligen Exoten, so darf immer noch behauptet werden, dass in Bezug auf die heimische Insektenwelt die „alt eingesessene" Art generell zu bevorzugen ist. Die Gründe liegen klar auf der Hand: Während eines sehr langen Zeitraums der Koexistenz von Pflanzen und Tieren konnte es zu einer gegenseitigen Anpassung kommen, so dass die Pflanzen in der Folge wesentlich mehr Tierarten ernähren, als es gärtnerisch veredelte Pflanzen in der Regel tun. Auch sind heimische Wildpflanzen perfekt an ihren Standort angepasst und versprechen daher eine weit längere Lebensdauer.

HINWEIS! Begriffsbestimmung

Wird im Folgenden von „heimischen Wildpflanzen" gesprochen, so ist hiermit schon eine recht große Gemeinde an Gewächsen gemeint. Auch heimisch gewordene ehemalige Exoten dürfen im Ausnahmefall darunter sein, sofern sie sich reibungslos in ihrer neuen Heimat integriert haben, sie möglicherweise sogar recht gute Futterquellen darstellen und in der bestehenden Pflanzengemeinschaft keine größeren Probleme bereiten.

Die nachfolgende Liste beweist, wie nachhaltig die Förderung von Wildpflanzen im Garten für den Erhalt der Artenvielfalt ist:

So viele Wildbienenarten sammeln Pollen von ...

Löwenzahn (*Taraxacum officinale*)	72
Gewöhnlicher Hornklee (*Lotus corniculatus*)	57
Scharfer Hahnenfuß (*Ranunculus acris*)	40
Gewöhnlicher Natternkopf (*Echium vulgare*)	37
Frühlingsfingerkraut (*Potentilla neumanniana*)	30
Gamander-Ehrenpreis (*Veronica chamaedrys*)	29
Rundblättrige Glockenblume (*Campanula rotundifolia*)	24
Wiesensalbei (*Salvia pratensis*)	24
Bergsandglöckchen (*Jasione montana*)	23
Kriechendes Fingerkraut (*Potentilla reptans*)	22

Wer Wildpflanzen im Garten hat, kann viele schöne Naturbeobachtungen machen, so wie hier zu sehen: Krabbenspinne auf Natternkopfblüte

Was sicher am erstaunlichsten an dieser Liste erscheint, ist deren Spitzenreiter: Wer hätte gewusst, dass der so gewöhnliche Löwenzahn ein regelrechter Wildbienenmagnet ist?! Vielleicht sollten wir ihn fortan mit ganz anderen Augen betrachten und ihn nicht überall im Garten jäten.

Allerdings will vermutlich kaum jemand Löwenzahn oder Kriechenden Hahnenfuß in die Ritzen und Fugen seiner Trockenmauer pflanzen, was durchaus verständlich ist. Vielmehr sehnen wir uns nach Pflanzen von außergewöhnlicher Schönheit wie auch Seltenheit, die durch ihr Erscheinungsbild eine Trockenmauer erst richtig zum Strahlen bringen.

Heldenelken lieben das steinige Umfeld einer Trockenmauer, selten gedeihen sie auch in Mauerspalten.

Der Natur ihren Lauf lassen?

Nachdem das Trockenmauerprojekt zu unserer Zufriedenheit beendet wurde, könnten wir uns bequem zurücklehnen, sprich: gar nichts tun und auf eine selbstständige Besiedlung der Mauer mit heimischen Wildpflanzen warten.

Tatsächlich hätte die heimische Flora hierzulande weit über 2500 Wildpflanzen anzubieten, von ihnen wären sogar mindestens 1000 auch für unsere Gärten geeignet und von ihnen wiederum gäbe es etliche, die auch in oder auf einer Trockenmauer gedeihen würden. Die Realität spricht jedoch eine andere Sprache und der erwartungsvolle Pflanzenfreund würde auf diese Schönheiten in den allermeisten Fällen wohl vergeblich warten.

Wissenschaftliche Untersuchungen zu diesem Thema haben nämlich ergeben, dass nur Arten aus der unmittelbaren Umgebung des Gartens von alleine einwandern würden. Die meisten Gartenbesitzer dürften mit dem Erscheinen von Löwenzahn, Brennnesseln, Quecke, Disteln und Gras rechnen. Mit etwas Glück wäre auch schon einmal eine hübsche Glockenblume oder Königskerze aus Nachbars Garten dabei oder aber es siedeln sich ein paar aus Nordamerika eingewanderte Nachtkerzen am Fuße der Trockenmauer an.

Wo aber bleiben die wilden Schönheiten, nach der sich jeder Naturgärtner so sehr sehnt?

Die traurige Wahrheit lautet, dass die Natur vor unserer Haustur nicht selten einfach „leer geräumt“, also an Arten verarmt ist. Ein oder zwei Dutzend Wildpflanzenarten fristen dort beinahe konkurrenzlos ihr

Wenn auch eher gewöhnlich, dafür überaus beliebt in der Tierwelt ist Löwenzahn.

Polster-Phlox liebt den Standort einer sonnigen Mauerkrone, wo seine Polster lässig über die Steine hinabhängen können.

Dasein und das war's dann auch schon. Meist handelt es sich hierbei um „Allerweltsarten", die niemand in seinem Garten anpflanzen würde, da sie allerorten und im Überfluss vorhanden sind.

Was bedeutet das für den unverbesserlichen Träumer in seinem Garten, der doch für Glockenblumen, Lerchensporn und Karthäusernelken schwärmt? Die Antwort hierauf kann nur lauten, mit dem Träumen endlich aufzuhören, aktiv zu werden und wieder vermehrt Wildpflanzen im eigenen Garten anzusiedeln!

War die Beschaffung von garantiert heimischen Wildpflanzen vor einigen Jahren noch extrem schwierig, so bietet der Fachhandel heute ein breit gefächertes Angebot an bezaubernd schönen Wildpflanzen, die für den Garten geeignet sind (ein paar Beispiele auf S. 160).

DIE QUAL DER WAHL: PFLANZENGEMEINSCHAFTEN DER TREPPEN UND MAUERN

Für jeden Bereich einer Trockenmauer gibt es geeignete Pflanzen, die mal mehr oder auch weniger wild sein können. Wunderschön anzusehen sind sie in den allermeisten Fällen: Ob es sich nun um eine vollsonnige oder eher schattige Lage der Mauer handelt oder ob die Pflanzen auf deren Krone oder an ihrem Fuß wachsen sollen. Auch für die engen Fugen zwischen den Steinen existiert eine ganze Reihe an Spezialisten, die hier besonders gut gedeihen. Man muss die Pflanzen nur noch in den Garten holen, sei es als fertige Pflanze oder in Form von Saatgut.

Vor allem heimische Wildpflanzen haben ihre Nützlichkeit wie auch Robustheit bereits vielfach unter Beweis gestellt. In Lücken und Ritzen einer Trockenmauer gesät oder gepflanzt, entstehen mit der Zeit ganz von alleine natürlich wirkende Pflanzengemeinschaften.

Nach dem Einsetzen darf demnach getrost abgewartet und beobachtet werden, welche Pflanzen sich am angebotenen Standort am wohlsten fühlen, sich schließlich durchsetzen und eines Tages das Bild der Mauer bestimmen werden.

Auf Mauerkronen gedeihen alle Wärme und Trockenheit liebenden Pflanzen.

WICHTIG! Teilweise bepflanzen

Es sollte immer nur ein Teil der Fugen bepflanzt bzw. mit Saatgut eingesät werden, damit ein guter Anteil der Mauerfläche frei von Bewuchs bleiben kann! Dies ist nicht nur aus optischen Gründen, sondern teils auch aus statischen Gründen von Vorteil.

Der doppelwandige Trockenmauerwall wird mit den Jahren immer schöner.

HINWEIS! Erläuterungen zu den nachfolgenden Pflanzenbeschreibungen

Alter der Pflanze: einjährig, zweijährig oder mehrjährig (= Staude)

Angabe der Blütezeit in Monaten von 1–12

Verwendete Symbole:

Blütenfarbe

MONAT Blüh-zeit

↑ Höhe

Grünpflanze

Pflanzen für sonnige bis halbschattige Mauerfugen

Ajuga genevensis – Genfer Günsel

kriechende Staude; wertvoll für Schmetterlinge und Hummeln

dunkelblau | MONAT 5–9 | 10–30 cm

Astragalus alpinus – Alpentragant

Staude mit Schmetterlingsblüten; wertvoll für Schmetterlinge und Hummeln

blau-weiß | MONAT 6–8 | 10–30 cm

Campanula cochleariifolia – Zwergglockenblume

Staude mit glockenförmigen Blüten; wertvoll für Wildbienen, Schwebfliegen und Hummeln

blau-lila | MONAT 6–8 | 5–15 cm

Gentiana acaulis – Blauer Enzian

mehrjährig; wertvoll für Schmetterlinge, Hummeln und Wildbienen

kräftiges Blau | MONAT 6–8 | 5–10 cm

Glechoma hederacea – Gundermann, Gundelrebe

mehrjährig; wertvoll für Hummeln und Bienen

lila | MONAT 4–6 | 10–15 cm

Alle in Polstern wachsenden Glockenblumen eignen sich als Bepflanzung für eine Trockenmauer. Die blauen Blüten harmonieren mit dem grauen Laub des Salbeis.

Der Gundermann ist zwar recht häufig, doch nichtsdestoweniger ein Magnet für Insekten, die auf seine frühe Blüte angewiesen sind. Nach der Blüte kann man ihn ein wenig jäten, dann macht er gerne Platz für andere Pflanzen.

Katzenminze (*Nepeta cataria*) liebt einen steinigen Standort.

Jasione montana – Bergsandglöckchen

zweijährig; Kalk fliehend; wertvoll für Wildbienen, Hummeln und Käfer

himmelblau | MONAT 6–8 | 15–30 cm

Linum alpinum – Berglein

in ihrem Bestand stark gefährdete Staude; Kalk liebend; wertvoll für Wildbienen, Schwebfliegen und Hummeln

hellblau | MONAT 6–7 | 10–20 cm

Oxytropis montana – Behaarte Fahnenwicke

auf Kalkstein wachsende Staude; wertvoll für Schmetterlinge, Wildbienen und Hummeln

violett | MONAT 7–8 | 4–10 cm

Veronica fruticans – Felsenehrenpreis

mehrjährig; wertvoll für Wildbienen und Schwebfliegen

tiefblau | MONAT 6–8 | 5–10 cm

Veronica spicata – Ähriger Ehrenpreis

mehrjährig; gefährdete Art; blüht in Ähren; wertvoll für Wildbienen und Schwebfliegen

intensiv blau | MONAT 6–9 | 15–40 cm

Alyssum alyssoides – Kelchsteinkraut

einjährig; wertvoll für Schmetterlinge, Schwebfliegen und Käfer

schwefelgelb | MONAT 4–9 | 8–25 cm

Alyssum montanum – Bergsteinkraut

mehrjährig; wertvoll für Schmetterlinge, Schwebfliegen und Käfer

gelb | MONAT 3–4 | 5–25 cm

Alyssum saxatile – Felsensteinkraut

Staude; wertvoll für Schmetterlinge, Schwebfliegen und Käfer

goldgelb | MONAT 4–5 | 15–40 cm

Cheiranthus cheiri – Goldlack

zwei- oder mehrjährig; Wildform; wertvoll für Schmetterlinge und Schwebfliegen

gelb | MONAT 5–6 | 20–60 cm

Steinkraut gibt es in vielen Arten. In einer Trockenmauer bilden die Pflanzen oft mächtige Polster.

Draba aizoides – Immergrünes Felsenblümchen

mehrjährig; wertvoll für Schmetterlinge und Wildbienen

gelb | MONAT 4–6 | 3–15 cm

Euphorbia myrsinites – Walzenwolfsmilch

mehrjährig; bizarrer Wuchs; wertvoll für Schmetterlinge, Schwebfliegen und Käfer

gelb | MONAT 4–6 | 10–20 cm

Euphorbia seguieriana – Steppenwolfsmilch

mehrjährig; wertvoll für Schmetterlinge, Schwebfliegen und Käfer

kräftiges Gelb | MONAT 4–6 | 15–30 cm

Euphorbia cyparissias – Zypressenwolfsmilch

mehrjährig; wertvoll für Schwebfliegen, Fliegen, Wildbienen und Käfer

zitronengelb | MONAT 4–6 | 20–40 cm

Geum reptans – Kriechende Nelkenwurz

mehrjährig; wertvoll für Schmetterlinge, Wildbienen und Hummeln

kräftiges Gelb | MONAT 7–8 | 5–15 cm

Walzenwolfsmilch

Die Zypressenwolfsmilch ist äußerst genügsam. An warmen, kargen Standorten bildet sie gerne auch größere Bestände.

Helianthemum alpestre – Alpensonnenröschen

mehrjährig; wertvoll für Schmetterlinge, Schwebfliegen und Wildbienen

gelb | MONAT 6–8 | 5–12 cm

Helianthemum nummularium – Gelbes Sonnenröschen

mehrjährig; wertvoll für Schmetterlinge, Schwebfliegen und Wildbienen

gelb | MONAT 4–9 | 10–30 cm

Jovibarba sobolifera – Sprossende Steinwurz

Staude; wertvoll für Schmetterlinge, Wildbienen und Hummeln

gelb-grün | MONAT 7–8 | 5–20 cm

Ononis natrix – Gelbe Hauhechel

mehrjährig; wertvoll für Schmetterlinge und Hummeln

gelb-rötlich | MONAT 5–7 | 20–60 cm

Oxytropis pilosa – Zottige Fahnenwicke

in ihrem Bestand stark gefährdete Staude; Schmetterlingsblüten; wertvoll für Schmetterlinge, Wildbienen und Hummeln

hellgelb | MONAT 6–8 | 15–30 cm

Von unzähligen Mohnarten blühen viele auch an steinigen Standorten und sogar aus Mauerritzen heraus, oben Goldmohn, unten Islandmohn.

***Papaver rhaeticum* – Gelber Alpenmohn**

Staude; wertvoll für Hummeln, Schwebfliegen und Wildbienen

gelb | MONAT 7–8 | 5–15 cm

***Potentilla neumanniana* – Frühlingsfingerkraut**

Teppich bildende Staude; wertvoll für Schmetterlinge, Wildbienen und Hummeln

hellgelb | MONAT 3–5 | 8–15 cm

***Primula auricula* – Alpenschlüsselblume**

Kalk liebende Staude; wertvoll für Schmetterlinge, Wildbienen und Käfer

hellgelb | MONAT 4–6 | 5–25 cm

***Primula elatior* – Hohe Schlüsselblume**

Staude mit hohen Blütenstängeln; als frühe Blüte sehr wertvoll für Wildbienen, Schwebfliegen und Hummeln

gelb | MONAT 3–5 | 10–15 cm

Die hohe Schlüsselblume versamt sich vielfach am Standort, so dass sie nicht selten auch aus Mauerspalten und Ritzen sprießt.

Polster bildende graulaubige Stein-Nelken sind immer attraktiv in einer Trockenmauer.

Ruta graveolens – Weinraute oder auch Blaue Weinraute

verholzende Staude mit blaugrauem, gefiedertem Laub; wertvoll für Hummeln, Schwebfliegen und Käfer

grüngelb | MONAT 6–8 | 20–40 cm

Saxifraga mutata – Kies-Steinbrech

mehrjährige Rosetten; wertvoll für Schwebfliegen

gelb | MONAT 6–8 | 10–30 cm

Armeria maritima – Gemeine Grasnelke

Staude; wertvoll für Schmetterlinge, Wildbienen und Hummeln

rosa | MONAT 4–9 | 10–30 cm

Dianthus deltoides – Heidenelke

mehrjährig; wertvoll für Schmetterlinge und Wildbienen

kräftiges Rosa | MONAT 6–10 | 10–40 cm

Dianthus sylvestris – Steinnelke

mehrjährig; wertvoll für Schmetterlinge und Wildbienen

rosa | MONAT 7–9 | 5–30 cm

Die Blaue Weinraute bevorzugt trockene, locker steinige Böden.

Heidenelken haben nur geringe Ansprüche an den Boden, sie mögen allerdings keinen allzu kalkhaltigen Boden.

Geranium rotundifolium – Rundblättriger Storchschnabel

einjährig; wertvoll für Schmetterlinge, Schwebfliegen und Käfer

rot | MONAT 6–10 | 8–30 cm

Saxifraga oppositifolia – Gegenblättriger Steinbrech

rasenartig wachsende Staude mit großen Blüten; wertvoll für Schmetterlinge und Schwebfliegen

rosarot | MONAT 2–7 | 2–5 cm

Silene acaulis – Stängelloses Leimkraut

mehrjährige geschützte Art; Kalk liebend; in Polstern wachsend; wertvoll für Schmetterlinge, Schwebfliegen und Käfer

rosa | MONAT 7–8 | 1–4 cm

Stachys germanica – Deutscher Ziest

mehrjährig; hohe Blütenstängel; wollig behaarte Blätter; wertvoll für Wildbienen, Hummeln und Käfer

karminrot | MONAT 6–8 | 40–150 cm

Schon ohne die hohen Blütenstängel besticht der Wollziest durch sein wollig behaartes silbriges Laub.

Der Echte Thymian übersteht auch große Trockenzeiten, hier blüht er neben rosafarbenen Herbstastern.

Stachys byzantina – Wollziest

mehrjährig; wolliges hellgraues Laub; Blüten an hohen Stängeln; wertvoll für Schwebfliegen, Hummeln und Bienen

rosa | MONAT 6–8 | 10–30 cm

Teucrium botrys – Traubengamander

ein- oder zweijährig; Lippenblüten; wertvoll für Schmetterlinge, Wildbienen und Hummeln

rosa | MONAT 7–10 | 10–30 cm

Thlaspi rotundifolium – Rundblättriges Hellerkraut

mehrjährig; blüht in Dolden; wertvoll für Schmetterlinge, Wildbienen und Hummeln

blassviolett | MONAT 6–9 | 5–15 cm

Thymus vulgaris – Echter Thymian

mehrjährig; kleine Blüten; wertvoll für Schmetterlinge, Wildbienen und Hummeln

rosa | MONAT 6–10 | 5–20 cm

Thymus serpyllum – Sandthymian

mehrjährig; wertvoll für Schmetterlinge, Wildbienen und Käfer

rosa | MONAT 5–10 | 10–30 cm

Trifolium arvense – Hasenklee

einjährig; wertvoll für Schmetterlinge und Schwebfliegen

rosa-weiß | MONAT 6–10 | 10–60 cm

Valeriana montana – Bergbaldrian

mehrjährig; blüht in Dolden; Kalk liebend; wertvoll für Schmetterlinge, Hummeln und Käfer

rosa/rötlich | MONAT 5–7 | 10–40 cm

Arabis caucasica – Gänsekresse

mehrjährig; bildet große lockere Polster; wertvoll für Wildbienen und Hummeln

weiß | MONAT 4–5 | 10–25 cm

Auch schon das Laub der Gänsekresse ist hübsch anzusehen, ab April schmücken sich die Polster mit schneeweißen Blüten.

Cerastium tomentosum – Filziges Teppichhornkraut

Mehrjährig; silbriges Laub; wertvoll für Schwebfliegen und Hummeln

weiß | MONAT 5–6 | 10–25 cm

Draba tomentosa – Filzfelsenblümchen

mehrjährig; kleine Blüten; wertvoll für Schmetterlinge und Wildbiene

weiß | MONAT 6–8 | 3–6 cm

Iberis saxatilis – Schleifenblume

einjährig bis mehrjährig; bildet dichte, je nach Art auch mehrjährige Polster oder verzweigt aufrecht wachsend; wertvoll für Schmetterlinge und Schwebfliegen

weiß, blasslila, rosé | MONAT 4–5 | 15–30 cm

Leontopodium nivale – Alpenedelweiß

mehrjährig; bildet lockere Polster; wertvoll für Schwebfliegen und Käfer

cremeweiß | MONAT 5–6 | 10–20 cm

Lobularia maritima – Duftsteinrich

einjährig; kleinere Polster; wertvoll für Schmetterlinge und Wildbienen

weiß | MONAT 4–6 | 15–20 cm

Das Filzige Teppichhornkraut bildet große Horste. Hier bezaubernd kombiniert mit dunkelblauer Akelei.

Schleifenblumen sind nicht immer reinweiß. Es gibt sowohl einjährige als auch mehrjährige Arten.

Mentha suaveolens – Duftminze (Apfel- oder Ananasminze)

mehrjährig; wertvoll für Schmetterlinge, Wildbienen und Hummeln

weiß | MONAT 7–9 | 30–50 cm

Papaver sendtneri – Weißer Alpenmohn

Staude; wertvoll für Hummeln, Schwebfliegen und Wildbienen

weiß | MONAT 7–8 | 5–15 cm

Petrorhagia saxifraga – Steinbrech-Felsennelke

Polster bildende Staude; wertvoll für Schmetterlinge, Wildbienen und Hummeln

weiß/violett | MONAT 7–8 | 5–15 cm

Potentilla rupestris – Steinfingerkraut

Staude; wertvoll für Schmetterlinge, Wildbienen und Käfer

weiß | MONAT 5–6 | 30–50 cm

Saxifraga cotyledon – Prachtsteinbrech

mehrjährige Rosetten mit auf Stängeln sitzenden Blüten; wertvoll für Schmetterlinge, Wildbienen und Käfer

weiß | MONAT 5–8 | 10–40 cm

Wer liebt es nicht, das traditionsreiche Alpenedelweiß? Es fühlt sich im Steingarten wie auch in Mauerritzen wohl.

Der Duftsteinrich liebt kargen Untergrund und gedeiht sogar in der schmalsten Mauerspalte.

Saxifraga paniculata – Rispensteinbrech

mit einer hellgrauen Kalkschicht überzogene mehrjährige Rosettenpolster; wertvoll für Schwebfliegen

weiß | MONAT 5–8 | 15–30 cm

Silene rupestris – Felsenleimkraut

zwei- oder mehrjährig; wertvoll für Schmetterlinge, Hummeln und Käfer

weiß | MONAT 6–9 | 5–30 cm

Stachys recta – Aufrechter Ziest

mehrjährige Rosetten mit auf Stängeln sitzenden Blüten; wertvoll für Schmetterlinge, Hummeln und Käfer

weiß-gelblich | MONAT 6–9 | 25–70 cm

Antirrhinum majus – Großes Löwenmaul

mehrjährig; wertvoll für Wildbienen und Hummeln

viele Farben | MONAT 6–9 | 30–70 cm

Lewisia cotyledon – Bitterwurz

mehrjährig; dickfleischiges Gewächs; wertvoll für Hummeln, Bienen und Schwebfliegen

viele Farben | MONAT 5–7 | 10–30 cm

Von der Ananasminze gibt es auch eine panaschierte Art, die hier zwischen blühendem Duftsteinrich wächst.

Rispensteinbrech

Matthiola incana – Garten-Levkoje

ein- oder mehrjährig; duftende Blüten; wertvoll für Schmetterlinge, Hummeln und Käfer

viele Farben | MONAT 6–10 | 20–55 cm

Verbena-Arten – Eisenkraut

Einjährig; wertvoll für Schwebfliegen und Hummeln

viele Farben | MONAT 6–8 | 20–30 cm

Löwenmäulchen werden vor allem von Kindern sehr geliebt. Überwiegend Hummeln bestäuben die Blüten mit dem „Klappmechanismus“. Dabei öffnen sie die Blüten mit ihrem Gewicht.

Bitterwurz benötigt einen warmen Standort, damit er den Winter gut übersteht, ein Platz im Fels wäre ideal!

Verbenen werden in vielen verschiedenen Farben angeboten.

Zwiebelpflanzen

Einige Zwiebelpflanzen können ebenfalls auf einer Trockenmauer angesiedelt werden. Sie sind ebenfalls geeignet für sonnige bis halbschattige Mauerbereiche. Die Trockenheit am Mauerstandort kommt einigen von ihnen entgegen, wogegen Staunässe gemieden wird. Zu den Zwiebelpflanzen zählen vor allem Vertreter der Lauch-Familie (= *Allium*), welche besonders hübsche Begleiter von Fels und Stein sind. Aber auch Vertreter der Spargelgewächse, wie Traubenhyazinthe (*Muscari*) und Blausterne (*Scilla*), passen gut zu Trockenmauern.

Die Zwiebeln können sowohl während des Maueraufbaus als auch nachträglich in größere Spalten zwischen den Steinen eingepflanzt werden. Sie dürfen dabei nicht gequetscht und dadurch verletzt werden!

Akelei und knospender Lauch – eine bildschöne Gemeinschaft

Allium carinatum – Gekielter Lauch

wertvoll für Schmetterlinge, Wildbienen und Hummeln

lila | MONAT 6–8 | 5–15 cm

Allium kochii – Kochs Lauch

wertvoll für Wildbienen und Hummeln

karminrot | MONAT 6–8 | 40–60 cm

Allium montanum – Berglauch

wertvoll für Wildbienen und Hummeln

rosa | MONAT 7–8 | 5–30 cm

Allium oleraceum – Rosslauch

wertvoll für Schmetterlinge, Schwebfliegen und Wildbienen

grün-rot | MONAT 7–8 | 30–60 cm

Allium pulchellum – Zierlicher Lauch

wertvoll für Wildbienen und Hummeln

rotviolett | MONAT 7–8 | 20–50 cm

Allium schoenoprasum – Schnittlauch

wertvoll für Wildbienen, Schmetterlinge und Hummeln

lila, teilw. weiß | MONAT 5–6 | 15–20 cm

Allium strictum – Steifer Lauch

wertvoll für Wildbienen, Hummeln und Käfer

rosa | MONAT 6–8 | 20–50 cm

Allium vineale – Weinbergslauch

wertvoll für Käfer

rosa | MONAT 6–8 | 30–60 cm

Muscari neglectum – Übersehene Traubenhyazinthe

wertvoll für Schmetterlinge, Wildbienen und Hummeln

violett | MONAT 3–5 | 20–30 cm

Scilla autumnalis – Herbstblaustern

aufsteigende Blütenstängel; wertvoll für Schmetterlinge, Wildbienen und Hummeln

rotviolett | MONAT 9–11 | 5–15 cm

Auch einige Wildtulpen fühlen sich in oder an einer Trockenmauer wohl.

Wo Schnittlauch sich wohlfühlt, bildet er große Bestände und wächst auch noch zwischen Fels und Stein.

Traubenhyazinthen in einer Wiese

Sedum und Sempervivum

Pflanzen aus diesen beiden Gattungen kommen mit wenig aus, um zu überleben. Ein Standort zwischen Stein und Fels kommt ihnen daher gerade recht, um ihre Stärken unter Beweis zu stellen.

Der wunderschöne Wuchs – mal aufrecht, mal als lockeres Polster oder in kreisrunden Rosetten angeordnet –, das dickfleischige Laub sowie die farbig glitzernde Blütenpracht wissen jeden Trockenmaurer zu begeistern.

Fetthennen lieben den warmen Mauerstandort.

Berauschend schön: die Blüte des Weißen Mauerpfeffers

Sedum acre – Scharfer Mauerpfeffer

mehrjährig; lockere Polsterbildung; seidig schimmernde Blüten; wertvoll für Schmetterlinge, Wildbienen und Schwebfliegen

gelb | MONAT 6–7 | 5–25 cm

Sedum album – Weißer Mauerpfeffer

mehrjährig; wertvoll für Schmetterlinge, Wildbienen und Schwebfliegen

weiß | MONAT 6–7 | 5–20 cm

Sedum dasyphyllum – Dickblatt-Mauerpfeffer

mehrjährig; wertvoll für Schmetterlinge, Wildbienen und Schwebfliegen

rosa | MONAT 6–8 | 5–20 cm

Sedum fabaria – Bergfetthenne

mehrjährig; wertvoll für Schmetterlinge und Wildbienen

rosa | MONAT 7–9 | 20–40 cm

Sedum hispanicum – Spanischer Mauerpfeffer

zweijährig; wertvoll für Schmetterlinge, Schwebfliegen und Käfer

weiß | MONAT 6–8 | 5–15 cm

Sedum kamtschaticum – Kaukasisches Bodendeckersedum

mehrjährig; wertvoll für Honigbiene und Hummeln

gelb | MONAT 5–6 | 5–15 cm

Sedum maximum – Große Fetthenne

mehrjährig; Blütendolden; wertvoll für Schmetterlinge und Schwebfliegen

grüngelb | MONAT 7–9 | 20–50 cm

Sedum ochroleucum – Ockergelbe Fetthenne

mehrjährig; wertvoll für Schmetterlinge, Wildbienen und Schwebfliegen

ockergelb | MONAT 6–7 | 10–20 cm

Sedum reflexum – Tripmadam

mehrjährig; wertvoll für Schmetterlinge, Wildbienen und Schwebfliegen

leuchtend sonnengelb | MONAT 6–7 | 15–30 cm

Sedum rupestre – Felsenmauerpfeffer

mehrjährig; wertvoll für Schmetterlinge, Wildbienen und Schwebfliegen

gelb | MONAT 6–8 | 10–30 cm

Gelbes Bodendecker-Sedum

Die Tripmadam benötigt einen vollsonnigen Standort, um reichlich Blüten zu bilden.

***Sedum sexangulare* – Milder Mauerpfeffer**

mehrjährig; wertvoll für Schmetterlinge, Wildbienen und Hummeln

gelb | MONAT 6–8 | 5–20 cm

***Sedum spurium* – Kriechende Fetthenne**

mehrjährig; wertvoll für Schmetterlinge, Wildbienen und Hummeln

rosa | MONAT 7–8 | 5–20 cm

***Sedum telephium* – Rote Fetthenne**

mehrjährig; Blütendolden; wertvoll für Schmetterlinge

purpurfarben | MONAT 7–9 | 25–50 cm

***Sempervivum arachnoideum* – Spinnweb-Hauswurz**

mehrjährige Rosetten, aus denen sich Stängel mit Blüten erheben; wertvoll für Wildbienen, Hummeln und Schwebfliegen

karminrot | MONAT 7–9 | 5–10 cm

***Sempervivum montanum* – Berghauswurz**

dickfleischige mehrjährige Rosetten; wertvoll für Wildbienen, Hummeln und Käfer

violett | MONAT 7–9 | 5–15 cm

Die Rote oder auch Purpurfetthenne liebt einen sonnigen Standort und die Wärme der Steine. Sie ist auch noch nach der Blüte attraktiv im Steingarten (unten).

Sempervivum tectorum – Echte Hauswurz

kräftige mehrjährige Rosetten, Blüten an einem aufsteigenden Stängel; wertvoll für Wildbienen, Hummeln und Schwebfliegen

rosenrot | MONAT 7–9 | 10–50 cm

Hauswurzrosetten sind die heimlichen Stars in jeder Trockenmauer. Sie bringen uns immer wieder zum Staunen mit ihrem Talent, in der kleinsten Mauerspalte eine große Familie zu gründen.

Die Sternwurz (*Orostachys iwarenge*) ist an warmen Standorten ebenfalls winterfest und in jedem Fall ein Hingucker an jeder Trockenmauer.

Pflanzen für halbschattige bis schattige Mauerfugen oder für den halbschattigen Fuß der Mauer

Asplenium adiantum-nigrum – Schwarzer Streifenfarn

mehrjährig; wertvoll für Käfer

Grünpflanze | 10–45 cm

Asplenium ruta-muraria – Mauerraute

mehrjährig; wertvoll für Käfer

Grünpflanze | 5–20 cm

Asplenium trichomanes – Silikatliebender Brauner Streifenfarn

mehrjährig; wertvoll für Käfer

Grünpflanze | 8–20 cm

Astragalus glycyphyllos – Süßer Tragant

Staude für den Fuß der Mauer; wertvoll für Schmetterlinge und Hummeln

gelb | MONAT 6–7 | 40–150 cm

Corydalis lutea – Gelber Lerchensporn

mehrjährig; wertvoll für Schmetterlinge, Wildbienen und Hummeln

hellgelb | MONAT 6–9 | 10–20 cm

Einfach hübsch, wie die Mauerraute alte Natursteinmauern schmückt.

Selbst in mit Mörtel verfugten Mauern siedelt sich der kleine Streifenfarn (*Asplenium trichomanes*) irgendwann an, am liebsten an schattigen oder halbschattigen Mauerseiten.

Gelber Lerchensporn (*Corydalis lutea*)

Cymbalaria muralis – Mauerzimbelkraut

kriechende Staude; wertvoll für Wildbienen und Hummeln

hellviolett | MONAT 5–9 | 20–60 cm lang

Fragaria vesca – Walderdbeere

mehrjährig; Ausläufer bildend mit essbaren Früchten; wertvoll für Hummeln, Wildbienen, Vögel und Säugetiere

weiß | MONAT 5–6 | 5–10 cm

Lysimachia nummularia – Pfennigkraut

Ausläufer bildende Staude; wächst auch im Halbschatten an feuchteren Standorten; wertvoll für für Schmetterlinge, Wildbienen und Hummeln

hellgelb | MONAT 6–8 | 5 cm

Hieracium sylvaticum – Waldhabichtskraut

mehrjährig; wächst am Fuß von schattig bis halbschattig gelegenen Mauern; wertvoll für Schmetterlinge, Wildbienen und Käfer

gelb | MONAT 5–8 | 20–60 cm

Mauerzimbelkraut überspannt halbschattige bis schattige Mauern wie ein Netz.

Genügsam ist das Pfennigkraut. In halbschattigen Mauerritzen bildet es Pflanzen mit langen Ranken.

Myosotis palustris – Sumpfvergissmeinnicht

mehrjährig; wertvoll für Schmetterlinge

hellblau | MONAT 5–9 | 20–40 cm

Phyllitis scolopendrium – Hirschzunge

mehrjährig; farnartiges Schattengewächs
wertvoll für Käfer

Grünpflanze | 15–60 cm

Rhodiola rosea – Rosenwurz

dickfleischige Staude für den Halbschatten; duftenden Blüten; im Verblühen rot-orange; wertvoll für Schmetterlinge, Wildbienen und Hummeln

gelb | MONAT 6–8 | 10–30 cm

Saponaria officinalis – Echtes Seifenkraut

mehrjährig; blüht auch halbschattig gelegen am Fuß der Mauer; wertvoll für Schmetterlinge, Käfer und Schwebfliegen

rosa | MONAT 7–9 | 30–80 cm

Saxifraga arendsii – Moossteinbrech

mehrjährig; wertvoll für Schwebfliegen

weiß oder rot | MONAT 5–6 | 15–20 cm

Hirschzungenfarn

Auch der Moossteinbrech bildet dichte Polster, wenn ihm der Standort gefällt.

Santolina chamaecyparissus – Heiligenkraut

mehrjährig; bildet riesige silberfarbene Polster mit Blüten, die vor allem an älteren Pflanzen erscheinen; wertvoll für Schwebfliegen und Fliegen

gelb | MONAT 6–8 | 15–30 cm

Silene nutans – Nickendes Leimkraut

Staude für den halbschattigen Fuß der Mauer; wertvoll für Schmetterlinge, Hummeln und Wildbienen

weiß | MONAT 5–9 | 30–60 cm

Stachys sylvatica – Waldziest

mehrjährig; am Fuß der Mauer blühend; wertvoll für Schmetterlinge, Wildbienen und Hummeln

violett | MONAT 6–9 | 30–100 cm

Symphytum grandiflorum – Kleiner Kaukasusbeinwell

sehr üppig wachsende Staude für den schattigen und feuchten Mauerfuß; wächst gelegentlich auch in Mauerfugen des unteren Bereiches; wertvoll für Hummeln und Ameisen

weiß mit roter Spitze | MONAT 4–5 | 20–35 cm

Viola odorata – Duftveilchen

Staude mit duftenden Blüten; wertvoll für Schmetterlinge, Wildbienen und Hummeln

blauviolett | MONAT 3–4 | 5–10 cm

Heiligenkraut ist vor allem als Grabschmuck bekannt, im Steingarten oder vor einer Mauer kann es allerdings durch sein silbriges Laub immer auch interessante Akzente setzen.

Der Inbegriff des Frühlings ist ein blühendes und duftendes Veilchen. Manchmal sprießt es scheinbar aus dem Stein heraus.

Pflanzen für den sonnigen Fuß der Mauer

***Ageratum houstonianum* – Leberbalsam**

einjährig; wertvoll für Schwebfliegen

tieflila | MONAT 6–9 | 10–20 cm

***Aster dumosus* – Kissenaster**

mehrjährig; wertvoll für Bienen, Schwebfliegen und Hummeln

viele Farben | MONAT 8–10 | 40–60 cm

***Astragalus onobrychis* – Esparsettentragant**

Staude mit Schmetterlingsblüten; wertvoll für Schmetterlinge und Hummeln

blauviolett | MONAT 6–7 | 8–30 cm

***Campanula rapunculoides* – Ackerglockenblume**

mehrjährig; wertvoll für Wildbienen, Hummeln und Käfer

violett | MONAT 6–8 | 30–70 cm

***Carduus defloratus* – Bergdistel**

mehrjährig; wertvoll für Schmetterlinge, Hummeln und Vögel

purpur | MONAT 5–8 | 20–80 cm

Nicht unbedingt bei uns heimisch, sorgt der Leberbalsam doch für intensive Farben am sonnigen Fuß der Mauer.

Kissenastern blühen auf kargem Boden erst so richtig auf. Dort bilden sie auch relativ niedrige Polster.

Nützlich für Insekten und duldsam auf kargen Böden: der Esparsettentragant

Centaurea maculosa – Gefleckte Flockenblume

ein- oder mehrjährig; wertvoll für Schmetterlinge, Wildbienen und Vögel

violett | MONAT 6–9 | 30–120 cm

Centaurea stoebe – Rispenflockenblume

ein- oder mehrjährig; wertvoll für Schmetterlinge, Wildbienen und Vögel

violett | MONAT 6–9 | 30–120 cm

Centranthus ruber – Spornblume

mehrjährig; Sorte 'Albus' blüht weiß; wertvoll für Schmetterlinge, Hummeln und Schwebfliegen

hellrot o. weiß | MONAT 6–9 | 25–50 cm

Echium vulgare – Natternkopf

zweijährig; Blütenkerzen; wertvoll für Schmetterlinge und Hummeln

kräftig blau | MONAT 5–8 | 25–60 cm

Helichrysum arenarium – Sandstrohblume

mehrjährig; wertvoll für Wildbienen, Schwebfliegen und Käfer

goldgelb | MONAT 7–10 | 10–30 cm

Glockenblumen haben das zarteste Lila überhaupt. Wildbienen stehen ebenfalls auf die an langen Stängeln sitzenden Blüten.

Traumhaft schöne Blüten bildet die Rispenflockenblume.

Spornblumen blühen rot oder weiß. Sie kommen gut mit Trockenheit zurecht, wachsen sowohl unterhalb wie auch gelegentlich in einer Spalte der Trockenmauer.

Lactuca perennis – Blauer Lattich

mehrjährig; wertvoll für Wildbienen, Schwebfliegen und Käfer

blau · MONAT 5–6 · 30–60 cm

Lamium purpureum – Rote Taubnessel

einjährig; wertvoll für Schmetterlinge, Hummeln und Käfer

purpur · MONAT 3–10 · 10–30 cm

Linaria purpurea – Italienisches Leinkraut

mehrjährig; wertvoll für Hummeln und Schmetterlinge

violett · MONAT 5–7 · 30–50 cm

Linum flavum – Gelber Lein

in ihrem Bestand stark gefährdete Staude; große Blüten; wertvoll für Wildbienen und Hummeln

gelb · MONAT 6–7 · 20–55 cm

Malva moschata – Moschusmalve

mehrjährig; wertvoll für Schmetterlinge, Hummeln und Käfer

hellrosa · MONAT 6–10 · 30–80 cm

Der Natternkopf zieht immer Blicke auf sich, so imposant sind seine Blütenstängel; unten blüht er mit Taubenkropf-Leimkraut in wunderschönem Kontrast.

Malva neglecta – Kleine Malve

zweijährig; wertvoll für Schmetterlinge, Hummeln und Käfer

rosa | MONAT 6–10 | 10–40 cm

Malva sylvestris – Wilde Malve

zwei- oder mehrjährig; wertvoll für Schmetterlinge, Wildbienen und Hummeln

purpur | MONAT 6–10 | 40–80 cm

Trockenheit und Hitze machen der Sandstrohblume wenig aus.

Das italienische Leinkraut ist ein Hummel-Magnet!

Genügsam mit pastellfarbenen Blüten gedeiht die Moschusmalve am liebsten auf kargen Böden an sonnigen Orten.

Wilde Malven erscheinen häufig in unterschiedlichen Blütenfarben wie auch -formen.

Physostegia virginiana – Gelenkblume

mehrjährig; wertvoll für Wildbienen, Schwebfliegen und Hummeln

rosa | MONAT 6–10 | 40–60 cm

Salvia sclarea – Muskateller-Salbei

zweijährig; wertvoll für Schmetterlinge, Wildbienen und Hummeln

rosa | MONAT 6–8 | 30–110 cm

Silene viscaria – Gewöhnliche Pechnelke

mehrjährig; wertvoll für Schmetterlinge, Wildbienen und Hummeln

pink | MONAT 5–6 | 20–30 cm

Silene vulgaris – Taubenkropf-Leimkraut

mehrjährig; wertvoll für Schmetterlinge und Hummeln

weiß | MONAT 4–9 | 10–50 cm

Verbascum nigrum – Schwarze Königskerze

zwei- oder mehrjährig; langstielige Blütenstände; wertvoll für Schmetterlinge, Schwebfliegen und Käfer

gelb | MONAT 5–8 | 50–150 cm

Die Gelenkblume ist bisweilen auch unter dem Namen Etagen-Erika bekannt. Sie blüht bis zum ersten Frost!

Bezaubernder Frühblüher am Fuß der Mauer oder im Steingarten – die Pechnelke

Veronica austriaca – Österreichischer Ehrenpreis

mehrjährig; stark gefährdete Art; zarte Blüten; Kalk liebend; wertvoll für Schmetterlinge, Wildbienen und Schwebfliegen

blau | MONAT 5–7 | 10–40 cm

Veronica longifolia – Langblättriger Ehrenpreis

mehrjährig; stark gefährdete Art; Blüten an langen Ähren; wertvoll für Schmetterlinge, Wildbienen und Schwebfliegen

lila | MONAT 5–8 | bis 100 cm

Der langblättrige Ehrenpreis, eine stark gefährdete Art, liebt zwar die feuchten Täler, doch am Fuße einer Trockenmauer fühlt er sich durchaus wohl und wird hier auch nicht ganz so hoch im Wuchs.

Bizarr und dennoch hübsch anzuschauen sind die Blüten des Taubenkropf-Leimkrauts.

Wo sie sich wohlfühlt, breitet sich die Schwarze Königskerze gerne aus.

Pflanzen für die Mauerkrone

Adonis vernalis – Frühlingsadonisröschen

mehrjährig; wertvoll für Wildbienen, Schwebfliegen und Käfer

gelb | MONAT 4–5 | 10–40 cm

Anthemis tinctoria – Färberhundskamille

mehrjährig; unzählige Blüten; wertvoll für Wildbienen, Schwebfliegen und Käfer

gelb | MONAT 6–9 | 20–50 cm

Aster amellus – Bergaster

Staude; wertvoll für Schmetterlinge, Schwebfliegen und Vögel

lila | MONAT 8–10 | 20–50 cm

Campanula rotundifolia – Rundblättrige Glockenblume

mehrjährig; wertvoll für Schmetterlinge, Wildbienen und Hummeln

violett | MONAT 6–10 | 10–40 cm

Dianthus arenarius – Sandnelke

mehrjährig; wertvoll für Schmetterlinge, Wildbienen und Hummeln

weiß-rot | MONAT 6–9 | 15–40 cm

Färberhunds- oder einfach nur Färberkamille: Die Üppigkeit ihrer Blütenbildung ist an einem eher trockenen, warmen Standort nicht zu überbieten.

Bezauberndes Duo: rosafarbene Busch- oder Bartnelke mit gelb blühender Blauer Weinraute

Dianthus carthusianorum – Kartäusernelke

mehrjährig; auf hohen Stängeln blühend; wertvoll für Schmetterlinge, Wildbienen und Hummeln

kräftig rosa | MONAT 5–9 | 10–50 cm

Dianthus seguieri – Buschnelke

mehrjährig; wertvoll für Schmetterlinge und Wildbienen

rosa | MONAT 6–8 | 20–50 cm

Euphorbia cyparissias – Zypressenwolfsmilch

mehrjährig; wertvoll für Schmetterlinge, Schwebfliegen und Wildbienen

gelb-grün | MONAT 4–7 | 20–40 cm

Geranium lucidum – Glänzender Storchschnabel

einjährig; wertvoll für Schmetterlinge, Wildbienen und Käfer

rosarot | MONAT 5–8 | 15–30 cm

Globularia punctata – Gemeine Kugelblume

mehrjährig; wertvoll für Schmetterlinge, Wildbienen und Hummeln

violett | MONAT 5–6 | 5–30 cm

Blühende Zypressenwolfsmilch

Kugelblumen kommen mit harten Bedingungen wie Wind, Trockenheit und Hitze bestens zurecht.

Hieracium pilosella – Kleines Habichtskraut

mehrjährig; wertvoll für Schmetterlinge, Schwebfliegen und Wildbienen

sonnengelb | MONAT 5–9 | 10–30 cm

Inula hirta – Rauhaariger Alant

mehrjährig; wertvoll für Schmetterlinge, Schwebfliegen und Hummeln

gelb | MONAT 6–10 | 15–50 cm

Iris pumila – Zwergschwertlilie

mehrjährig; Wildform; wertvoll für Schmetterlinge, Schwebfliegen und Wildbienen

blauviolett | MONAT 4–5 | 8–10 cm

Lavandula angustifolia – Lavendel

mehrjährig; duftende Blüte; wertvoll für Schmetterlinge, Schwebfliegen und Wildbienen

lila | MONAT 6–8 | 20–70 cm

Linum leonii – Lothringer Lein

in ihrem Bestand stark gefährdete Staude; Kalk liebend; wertvoll für Schmetterlinge, Wildbienen und Hummeln

dunkelblau | MONAT 5–7 | 5–10 cm

Eine frühe Schönheit im Steingarten oder auf der Krone einer Trockenmauer ist die blaue Zwergiris.

Blühender Lavendel gedeiht bestens auf oder vor Mauern.

Ononis spinosa – Dornige Hauhechel

mehrjährig; wertvoll für Schmetterlinge, Wildbienen und Hummeln

rosarot | MONAT 6–8 | 20–50 cm

Pulsatilla patens – Fingerküchenschelle

mehrjährig; duftende Blüte; wertvoll für Schmetterlinge, Wildbienen und Hummeln

blauviolett | MONAT 3–4 | 5–25 cm

Pulsatilla pratensis – Wiesenküchenschelle

mehrjährig; wertvoll für Schmetterlinge, Wildbienen und Hummeln

violett | MONAT 4–5 | 10–40 cm

Pulsatilla vernalis – Frühlingsküchenschelle

mehrjährig; wertvoll für Schmetterlinge, Wildbienen und Hummeln

weiß-violett | MONAT 4–6 | 5–30 cm

Pulsatilla vulgaris – Echte Küchenschelle

Staude; wertvoll für Schmetterlinge, Wildbienen und Hummeln

violett | MONAT 2–4 | 10–30 cm

Küchenschellen sind auch unter dem Namen Kuhschellen bekannt. Sie passen von ihrem Wuchs her ganz wunderbar auf die Krone einer Trockenmauer.

HINWEIS! Bunter Wechsel

Gerade bei den beiden Standorten „Krone“ und „Fuß“ einer Trockenmauer findet oftmals von ganz alleine ein reger Austausch der Bepflanzung statt. Vor allem die Pflanzen der Mauerkrone wandern recht häufig bis zum Fuß der Mauer, seltener auch in umgekehrter Richtung. Gelegentlich finden diese Pflanzen auch ein Plätzchen in einer Mauerspalte, die ihnen behagt.

WILDSTRÄUCHER FÜR DIE TROCKENMAUER

Besonders auf mächtigen Trockenmauern kommen auch Sträucher gut zur Geltung. Auch unter ihnen gibt es Spezialisten, die mit einem felsigen Untergrund so gut zurechtkommen, dass man sie in felsigen Landschaften gelegentlich sogar aus steilen Felswänden herauswachsen sieht.

Ausladende Wildsträucher benötigen einen stabilen Untergrund aus besonders großen und schweren Felsbrocken. Einige Sträucher eignen sich jedoch auch für zierlichere Mauern, da sie von eher niedrigem Wuchs sind.

Acer japonicum – Japanischer Ahorn
verwendet werden vornehmlich die Zwergsorten, von denen es unzählige Varianten gibt

Grünpflanze

Buxus sempervirens – Gewöhnlicher Buchsbaum
vielseitiges Formschnittgehölz; immergrün mit unscheinbaren Blüten

Grünpflanze

Sogar in Form geschnittene Buchskugeln können die Krone einer Trockenmauer zieren.

Caryopteris clandonensis – Bartblume

zierlicher Strauch mit hellgrauem Laub; wertvoll für Schmetterlinge und Hummeln

violett | MONAT 5–7

Clematis alpina – Alpenwaldrebe

kletternder Strauch mit bis zu 3 m langen Ranken; wertvoll für Schmetterlinge, Wildbienen und Hummeln

violett | MONAT 5–7

Coronilla minima – Kleine Kronwicke

kleiner Strauch; wertvoll für Schmetterlinge, Wildbienen und Hummeln

gelb o. rosa | MONAT 4–7 | 10–30 cm

Cotoneaster integerrimus – Gewöhnliche Zwergmispel

wertvoll für Wildbienen, Hummeln und Vögel

blassrosa | MONAT 4–6 | 60–150 cm

Cytisus decumbens – Niederliegender Geißklee

wertvoll für Schmetterlinge, Wildbienen und Hummeln

gelb | MONAT 4–5 | 10–40 cm

Ein klein bleibender Ahorn gibt jeder Trockenmauer eine exotische Note.

Die Blüten der Bartblume locken zahlreiche Insekten an.

Dorycnium hirsutum – Zottiger Backenklee

wertvoll für Schmetterlinge, Hummeln und Schwebfliegen

rosa-weiß | MONAT 4–8 | 20–50 cm

Dryas octopetala – Silberwurz

wertvoll für Schmetterlinge, Hummeln und Schwebfliegen

weiß-rot | MONAT 6–8 | 6–12 cm

Genista pilosa – Sandginster

wertvoll für Schmetterlinge, Wildbienen und Hummeln

goldgelb | MONAT 4–7 | 10–40 cm

Genista sagittalis – Flügelginster

wertvoll für Schmetterlinge, Wildbienen und Hummeln

hellgelb | MONAT 5–7 | 10–40 cm

Hydrangea – Hortensie

kleiner Strauch in vielen Sorten mit ballonartigen Ansammlungen aus Blüten und farbigen Scheinblüten; Größe und Blütezeit sind sortenabhängig

viele Farben

Ginsterblüten haben das wohl sonnigste Gelb und stehen bei Insekten hoch im Kurs. Auf Trockenmauern siedelt man vorwiegend die zierlicheren Sorten an, wie Sand- oder Flügelginster.

Hortensien, wie auch kleinere Strauchrosen, gedeihen auf größeren Mauerkronen.

Rhamnus pumila – Zwergkreuzdorn
wertvoll für Schwebfliegen, Vögel und Säugetiere

weiß-rot | MONAT 6–7 | 5–20 cm

Ribes alpinum – Alpenjohannisbeere
wertvoll für Schmetterlinge, Wildbienen und Hummeln

grün-gelb | MONAT 4–5 | 50–150 cm

Rosa vosagiaca – Blaugrüne Rose
blau-grünes Laub; wertvoll für Wildbienen, Vögel und Säugetiere

rosa-weiß | MONAT 6–7 | 50–150 cm

Salix reticulata – Netzweide
Blüten-Kätzchen; wertvoll für Schmetterlinge, Wildbienen und Schwebfliegen

grün-gelb | MONAT 7–8 | 5–15 cm

Spiraea decumbens – Kärntner Spierstrauch
wertvoll für Wildbienen, Schwebfliegen und Käfer

weiß | MONAT 5–6 | 20–50 cm

Auch Lavendel gedeiht als so genannter Halbstrauch auf der Krone von Trockenmauern.

WEITERE „STEINERNE“ IDEEN

EINE BANK IN DER MAUER ALS STEINERNE RUHEOASE

Welcher Gärtner gönnt sich nach getaner Arbeit nicht gerne eine kleine Pause? Ein schönes Plätzchen zum Ausruhen könnte sich auch in oder auf einer Trockenmauer befinden. Am bequemsten sitzt es sich jedoch, wenn dieser Sitzplatz über eine Rückenlehne verfügt.

Prinzipiell kann eine Bank mit Rückenlehne auf zweierlei Weise entstehen:

Bei niedrigeren Stützmauern empfiehlt es sich, **als Rückenlehne große flache Steine** an den Hang hinter der Mauer zu lehnen. Dazu werden sie hochkant an die hintere, an den Hang grenzende Kante der Decksteine gestellt, welche in diesem Fall die Sitzfläche der Bank bilden. Für einen sicheren Halt werden die hochkant gestellten Steine sorgfältig in die Erde des Hanges eingebettet, dazu nach Bedarf noch mit Erdreich und Steinen hinterfüttert, damit diese Lehne auch hält, was ihr Name verspricht, wenn man sich bequem zurücklehnen möchte. Die Neigung dieser Steine kann 10 bis etwa 20° betragen, bei größeren Neigungswinkeln entsteht dann schon eher eine „Steinliege“ als ein Sitzplatz.

Durch diese Art der Sitzplatzkonstruktion wird das hinter der Mauer befindliche Erdreich zusätzlich abgestützt und effektiv davon abgehalten, auf die Steine der Mauerkrone zu „bröckeln“. Vor allem bei steilen, hinter der Stützmauer hoch aufragenden Hängen und gleichzeitig nur geringer Höhe der Trockenmauer bietet sich diese Art von Lösung an.

Vor allem bei höheren Mauern ist es allerdings auch möglich, **eine Art Nische innerhalb der Trockenmauer** einzuarbeiten. Hierfür wird **im Bereich der geplanten Bank** zunächst mit sehr tiefen, also langen Mauersteinen gearbeitet. Dies sollte schon beim Anschnitt des Hanges mit berücksichtigt werden, der in diesem Bereich dementsprechend tiefer eingeschnitten wird. Die rund 60–100 cm langen Steine werden nun senkrecht zum Hang, also in einem 90°-Winkel gelegt, wobei hier auch auf die Vermeidung von Kreuzfugen geachtet wird.

In der gewünschten Sitzhöhe können dann einige besonders ebene Steinplatten im vorderen Bereich der Mauer, mit minimaler Neigung nach vorne, eingesetzt werden, so dass Wasser problemlos von der Sitzfläche ablaufen kann. Auch ein einzelner Stein mit ebenmäßiger Oberfläche ist natürlich ebenfalls bestens dazu geeignet, eine Sitzfläche aus einem einzigen Stück zu bilden.

Im Bereich hinter der Sitzfläche wird die Mauer nun ganz normal, so wie der Rest der Stützmauer, weiter aufgeschichtet. Es sei jedoch darauf zu achten, dass die An-

sichtsflächen der Steine, welche die spätere Rückenlehne bilden, besonders glatt und eben sind. Auch sollten diese, wie die restliche Mauer, zum Hang hin geneigt sein, was für bequemeren Sitzkomfort sorgt.

An den Seiten der Sitzfläche werden außerdem weitere Ecksteine benötigt. Diese sollten sicher und stabil in das Mauerwerk eingefügt werden sowie über zwei schöne Ansichtsflächen im Winkel von 90° verfügen.

WENN NOCH STEINE ÜBRIG SIND

Da man bei Trockenmauerprojekten meist ein paar Steine zu viel geordert hat, sind nach der Fertigstellung mit Sicherheit noch zahlreiche Steine übrig geblieben. Diese lagern nun im Garten und wer sie nicht abgeben möchte oder kann, muss diese nun anständig in den Garten integrieren.

Entweder man ordert gleich die nächste Fuhre guter Trockenmauersteine für das nächste Mauerprojekt im Garten oder man verbaut diese Reste zu kleineren Projekten, wie etwa:

- Kleine, niedrige Mäuerchen als Einfassung für Beete oder zu deren Unterteilung
- Mini-Kräuterspiralen oder Pyramiden
- Kräuterwurm in beliebiger Höhe
- Lesesteinhaufen als Lebensraum für Gartentiere
- Dekomauer aus Steinresten und weiteren Materialien, wie Glas, Tonscherben, Fliesenreste usw.
- Steingärten

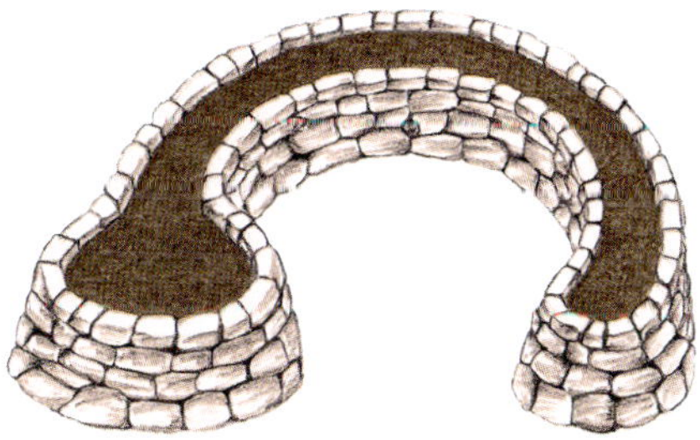

Aus Reststeinen kann auch ein beliebig großes Natursteinbeet, ein so genannter „Kräuterwurm“, gebaut werden.

EIN STEINGARTEN AUF DIE SCHNELLE ...

Nachdem wir zahlreiche Beete mit hübschen Natursteinen eingefasst, dazu auch noch einen kleinen Steinhaufen in sonniger Lage dekorativ aufgeschichtet haben, um der Tierwelt des Gartens eine Freude zu machen, und immer noch zahlreiche Steine übrig waren, entschieden wir uns dazu, ein steiniges Beet anzulegen, um hier die von uns so geliebte Steingartenflora zu kultivieren. Außerdem sieht so ein Steinbeet hübscher aus als Steine, die überall im Garten ungeordnet herumlagen. Mit der Zeit würden die eher niedrig wachsenden Stauden einen Teil der Steine überwachsen, so dass Steine und Pflanzen schon bald eine attraktive Einheit bilden.

Standortsuche und Vorbereitung

Ein Plätzchen unter einem alten Kirschbaum war recht schnell gefunden, um diesem Bereich mit Steinen ein wenig Ordnung und Struktur zu verleihen.

Wie so häufig vor der Umsetzung eines Gartenprojektes, stand auch diesmal zunächst Aufräumen auf dem Programm. Je nachdem, welche Pflanzen an diesem Ort wachsen, sollte man unter Umständen besser ein wasserdurchlässiges Unkrautvlies verlegen, damit die Steingartengewächse frei von allzu starkwüchsiger wilder Konkurrenz heranwachsen können.

Das Substrat

Das Erdreich in einem Steingarten sollte gut durchlässig sein. Deswegen verteilen wir zunächst etwas Splitt oder Kies auf der Fläche des künftigen Steingärtchens.

Darüber wird ein selbst gemischtes Substrat gegeben, welches in etwa zu gleichen Teilen aus der im Garten vorhandenen (mehr oder weniger) lehmigen Gartenerde, Sand, feinem Splitt und gutem Humus besteht.

Anschließend werden Steinbrocken auf der Fläche verteilt und arrangiert, bis uns der Aufbau des Steingartens gefällt. Weitere dekorative Elemente, wie etwa Stein- oder Betontröge, Vogel- und Insektentränken, bepflanzte Töpfe, größere Tonscherben und vieles mehr können ihren Platz im Steingarten finden.

Zum Schluss werden die Pflanzen eingesetzt. Anfangs wirken die Pflänzchen noch

Aufräumen und gegebenenfalls ein Unkrautvlies verlegen sind die ersten beiden Schritte, die zu einem Steingarten führen.

etwas verloren zwischen den vielen Steinen. Doch das ändert sich recht bald und nach wenigen Jahren bilden Pflanzen und Steine eine enge, miteinander verwachsene Gemeinschaft.

Sind noch einige Restbestände an Bruchsteinen vorhanden, kann daraus eine beliebig hohe Steinpyramide gebaut werden.

Das Innere der Steinpyramide wird mit kleineren Steinen, Sand, Splitt oder Bauschutt aufgefüllt. In die Lücken werden Trockenspezialisten gepflanzt, wie etwa Hauswurz, der zur Blütezeit eine wahre Augenweide ist.

REPARATUR VON ALTEN BRUCHSTEINMAUERN

Nicht immer halten Trockenmauern ewig. Manchmal werden Reparaturen fällig und man steht vor der großen Frage, was zu tun ist, um aus dem baufälligen Bruchsteingebilde wieder ein ansehnliches und vor allem auch solides Gartenbauwerk zu machen. Manchmal übernimmt man auch ein Grundstück, auf welchem bereits alte Trockenmauern vorhanden sind. Beginnen diese bereits, aus der Form zu geraten, oder sind bereits zahlreiche Steine aus der Mauer herausgefallen, ergibt es wenig bis gar keinen Sinn, nun mit Mörtel ans Werk zu gehen, um die bestehende Mauer zu verfugen.

So bitte nicht! Wer eine baufällige Trockenmauer herrichten möchte, der ist nicht gut beraten, sie nachträglich mit Mörtel zu verfugen.

Man kommt nicht umhin, die alte Mauer abzubauen und sie nach Vorschrift (siehe dazu auch S. 54 ff.) wieder neu aufzurichten. Sie bekommt hierbei auch eine neue Hinterfütterung mit Splitt und/oder Kies, so dass nicht selten auch der Hanganschnitt neu ausgeführt werden muss.

Ist genügend Platz vorhanden, könnte man die Mauer auch einfach ein Stück weit nach vorne setzen und schon wäre ausreichend Platz für die Drainagefüllung zwischen Mauer und Hang vorhanden. Dann wird Stein für Stein aufeinandergesetzt, bis eine ganz neue, standsichere und haltbare Trockenmauer entstanden ist.

BEZUGSQUELLEN

Hof Berg-Garten
Robert Schönfeld
Lindenweg 17
D-79737 Herrischried
+49 (0) 7764-239
info@hof-berggarten.de

Dreschflegel GbR
In der Aue 31
D-37213 Witzenhausen
+49 (0) 5542 50 27 44
info@dreschflegel-saatgut.de
www.dreschflegel-saatgut.de

Bingenheimer Saatgut AG
Kronstr. 24
D-61209 Echzell
+49 (0) 6035 1899-0
info@bingenheimersaatgut.de

Vielfalt erleben GmbH
Obere Straße 40
A-3553 Schiltern
+43 (0) 2734 8628 31
saatgut-und-buecherversand@vielfalt-erleben.gmbh
https://shop.arche-noah.at/

Saatgut-Vielfalt
Weiherblick 14
D-79809 Weilheim
walter@pflanzen-vielfalt.de
www.saatgut-vielfalt.de

Saaten Zeller GmbH & Co. KG
Ortsstr. 25
D-63928 Eichenbühl-Guggenberg
+49 (0) 9378-530
info@saaten-zeller.de
www.saaten-zeller.de

Syringa Duftpflanzen und Kräuter
Bachstraße 7 (Büro)
Untere Gräben (Gärtnerei)
D-78247 Binningen
+49 (0) 7739 1452
info@syringa-pflanzen.de

Voitsauer Wildblumensamen
Voitsau 8
A-3623 Kottes-Purk
+43 (0) 2873 7306
info@wildblumensaatgut.at
www.wildblumensaatgut.at

BUCHTIPPS

Holzer, Claudia und Andreas/Kalkhof, Jens: Kräuterspiralen, Leopold Stocker Verlag 2018
Meys, Sofie: Das Hochbeet, Leopold Stocker Verlag 2015
Meys, Sofie: Deko aus Beton, Leopold Stocker Verlag 2013
Meys, Sofie: Senkrecht gärtnern, Leopold Stocker Verlag 2018
Witt, Reinhard: Natur für jeden Garten – Das Einsteigerbuch, NaturGarten 2018
Witt, Reinhard: Wildpflanzen für jeden Garten, blv 1995 (leider nur mehr gebraucht erhältlich)